高等职业教育土建类"互联网+"活页式创新教材

U0669294

土木工程结构实体检测

李春梅　李骅庚　陶登科　主编

中国建筑工业出版社

图书在版编目（CIP）数据

土木工程结构实体检测 / 李春梅，李骍庚，陶登科
主编. -- 北京：中国建筑工业出版社，2025.9.
（高等职业教育土建类"互联网+"活页式创新教材）.
ISBN 978-7-112-31265-8

Ⅰ. TU712.3

中国国家版本馆 CIP 数据核字第 2025MX6021 号

本书包括 7 个学习领域，即建筑结构检测基本知识、混凝土结构检测、砌体结构检测、木结构检测、结构性能与变形检测、建筑结构鉴定、综合实训等。

本书以真实检测项目为载体，以"任务引领"为原则和思路，按照检测企业典型工作任务与流程组织教材内容。每个学习领域中依据岗位典型工作任务分为数个学习情境，各学习情境引入真实检测项目，依次设计"学习目标""学习任务""知识获取""任务实施""评价反馈"五大项活页内容，后附根据全书技能点设计的综合实训，强化学生实战技能。同时，量身定做系列微课、动画、视频等多种电子资源，以二维码的方式呈现，实现教材数字化。

本书可作为高等职业教育土木工程检测技术、建筑加固与修复技术等专业相关课程教材，还可作为建设工程质量检测员学习、培训和技能鉴定的参考书。

为了便于本课程教学，作者自制免费课件资源，索取方式为：1. 邮箱：jckj@cabp.com.cn；2. QQ 交流群：472187676。

责任编辑：司　汉
责任校对：张惠雯

高等职业教育土建类"互联网+"活页式创新教材
土木工程结构实体检测
李春梅　李骍庚　陶登科　主编
*
中国建筑工业出版社出版、发行(北京海淀三里河路 9 号)
各地新华书店、建筑书店经销
北京鸿文瀚海文化传媒有限公司制版
北京市密东印刷有限公司印刷
*
开本：787 毫米×1092 毫米　1/16　印张：14¼　字数：360 千字
2025 年 7 月第一版　2025 年 7 月第一次印刷
定价：**46.00** 元（赠教师课件）
ISBN 978-7-112-31265-8
（45284）

本书编审委员会

主　编

李春梅　山东水利职业学院

李骅庚　湖南劳动人事职业学院

陶登科　山东水利职业学院

副主编

梁颖君　湖南劳动人事职业学院

胡明文　山东水利职业学院

王家涛　山东水利职业学院

杨凌云　日照市工程检测咨询集团有限公司

参　编

黄　辉　湖南劳动人事职业学院

吴婷婷　湖南劳动人事职业学院

李红益　湖南劳动人事职业学院

胡　朵　湖南城建职业技术学院

主　审

张　峰　中国建筑科学研究院有限公司

前言

建设工程质量直接关系到人民生命财产安全，是新时代工程高质量发展水平的重要体现。在工程质量评价体系中，质量检测作为关键环节发挥着至关重要的作用，而工程结构主体检测更是工程质量把控的核心内容。工程结构主体检测教学通过理论与实践相结合的方式，着力培养懂技术、会管理的高素质技术技能型人才，为建设工程检测行业输送高素质专业力量。

本教材秉持"就业导向、能力本位、岗位依归"的三维指导思想，突出"职业性、实用性、适用性"，创新采用活页式新形态教材架构。通过深度融入校企协同育人机制与工学结合培养体系，精准对接基于行动导向的"项目引领-任务驱动"教学模式，全面贯彻新时代高等职业教育改革发展的核心要求，主要具有以下显著特点：

1. 项目化教材——以工程结构主体检测能力培养为主线

本教材以主体结构检测员典型工作内容为依据，并结合企业、行业调研成果，精心选择和编排教学项目。设计7个学习领域、17个学习情境和3个综合实训，各学习情境引入真实检测项目，设置"学习目标""学习任务""知识获取""任务实施""评价反馈"五大内容，注重检测理论知识和实操技能的结合，实现"教、学、做"三位一体的能力建构范式。同时，为加强实操训练，检验和巩固学习效果，精心设计综合实训板块，使学生达成"实际操作能力强、工作意识强、工作适应性强"的复合型人才培养目标。

2. 新形态教材——融入数字化新技术、新资源

本教材创新打造"互联网＋活页式"新形态立体化教材体系，依托活页教材模块化重构优势，深度整合在线开放课程、虚实融合实训平台、多媒体资源矩阵（含微课视频、三维动画、课件等），构建沉浸式职业情境，使抽象的知识形象化、复杂的技能可视化，在降低学习难度的同时，极大提升读者学习兴趣，提高学习效率与学习效果。

3. 育人教材——德技并进、润物无声

本教材有机融入爱国精神、劳动精神、工匠精神、工程思维等价值观，以"育匠心-提振职业认同""练匠技-内化职业精神""铸匠魂-践行职业使命"三层次纵向递进方式，在技术技能积累中自然生发家国情怀，于工程实践创新中自觉担当时代使命，切实支撑存量建筑提质、服务城市更新发展需求。

本教材由李春梅、李骅庚、陶登科担任主编，张峰主审。具体编写分工如下：学习领域 1 由胡朵编写，学习领域 2 由李骅庚编写，学习领域 3 由李春梅、胡明文编写，学习领域 4 由梁颖君、王家涛编写，学习领域 5 由黄辉、吴婷婷编写，学习领域 6 由陶登科、李红益编写，学习领域 7 由李春梅编写。李春梅、陶登科和杨凌云负责全书数字资源的制作审核；李春梅、李骅庚负责全书统稿。

本教材可作高等职业教育土木工程检测技术、建筑加固与修复技术以及土建施工类等专业相关课程教材，还可作为建设工程质量检测员学习、培训和技能鉴定的参考书。

限于编者的水平和经验，书中难免存在疏漏和不妥之处，敬请读者批评指正。

目录

建筑结构检测基本知识

学习背景

学习背景描述

主体结构是指建筑的主要承重及传力构件组成的骨架体系，作为建筑的骨骼，其施工质量的优劣直接影响到工程质量安全。主体结构检测作为评定建筑结构工程质量或鉴定既有建筑结构性能是否符合国家规范要求的质量标准的关键一环，其重要性不言而喻。

按照《建筑结构检测技术标准》GB/T 50344—2019、《混凝土结构现场检测技术标准》GB/T 50784—2013、《砌体工程现场检测技术标准》GB/T 50315—2011、《木结构现场检测技术标准》JGJ/T 488—2020 等规范、标准要求，梳理各类建筑结构检测工作程序及其要求。

学习目标

（1）知识目标：了解建筑结构检测基本概念，熟悉各类建筑结构检测工作程序及要求。

（2）能力目标：能准确选用检测规范及依据，能按照检测工作程序开展检测工作，初步具备根据工程场景选择检测方法的能力。

（3）素质目标：了解建筑结构检测的重要意义，培养学生励志铸魂，甘为"建筑工程质量检测匠人"的职业理想。

知识导入

本学习领域主要介绍建筑结构检测基本概念、建筑结构检测分类以及各类建筑结构检测工作程序。

建筑结构检测是通过科学手段对建筑材料的性能、构件强度及整体稳定性进行定量或定性分析的过程，其根本目标是保障结构安全、评估其耐久性，并为工程全生命周期管理提供依据。

建筑结构检测主要可分为结构工程质量的检测和既有结构性能的检测。

建筑结构检测工作程序遵循"接受委托→初步调查→制定及确定检测方案→确认仪器设备状态→现场检测、数据处理→出具检测报告"的标准化流程，强调规范性、科学性与准确性原则。

思维导图

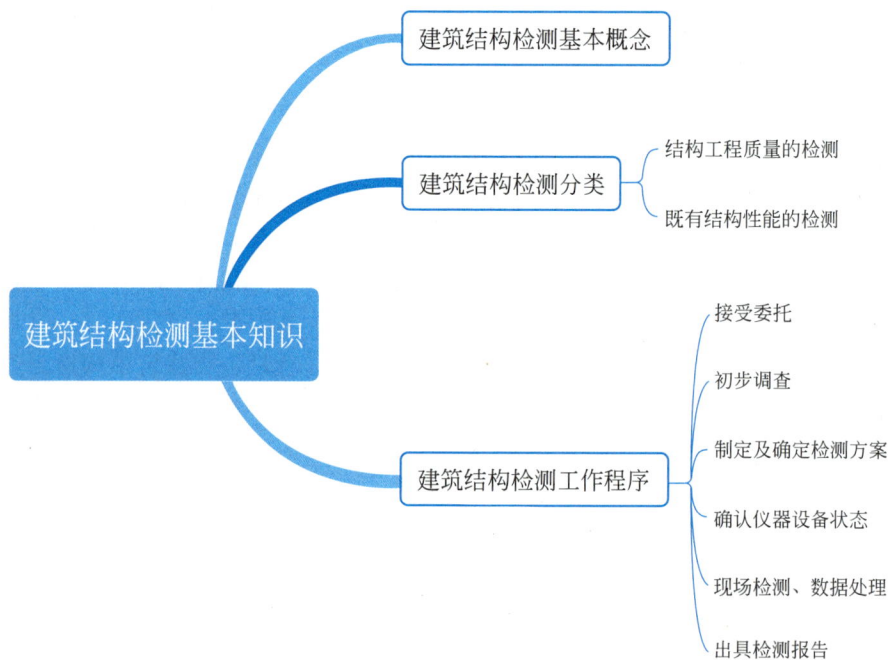

＜ 学习情境 1.1　建筑结构检测工作程序 ＞

＞＞ 学习目标

通过学习情境的学习，了解建筑结构检测基本概念，熟悉各类建筑结构检测工作程序及要求，能按照检测工作程序开展检测工作。

＞＞ 学习任务

了解主体结构检测的概念、分类，梳理混凝土结构、砌体结构、木结构 3 类结构工程质量检测的工作程序，并列出工作程序中各步骤应注意的重点与难点问题。

防患未然

《黄帝内经》中说"上工治未病，不治已病，此之谓也"，体现了中国人古老的生命智慧——未病先防。工程质量管理中，通过工程检测对工程做全面体检，预防可能发生的工程质量事故，是保障人民生命财产安全的重要一环，也体现了一丝不苟、精益求精的工匠精神。

＞＞ 知识获取

1. 建筑结构相关概述

建筑结构一般是指工业与民用建筑物中由梁、板、柱、墙等构件组成的骨架部分的总称。建筑结构因所用的建筑材料和建造方式不同，又分为混凝土结构、砌体结构、钢结构、木结构和组合结构等。

主体结构是基于地基基础之上，承担和传递建（构）筑物在生命周期内所有上部作用（荷载），维持上部结构整体性、稳定性和安全性的骨架体系。

根据我国相关规范规定，建筑物在规定的时间内，在正常设计、正常施工、正常使用和正常维护条件下，应满足规定的安全性、适用性和耐久性要求。近几十年来，由于社会经济的高速发展和人民生活水平的提高，我国建筑业发展十分迅速。在不断增加新建建筑、不断发展新的建筑技术和对建筑质量及使用功能等提出更高要求的同时，还面临着如何对新建和已有建筑结构进行检测、鉴定、维护改造和加固处理等问题。

所谓工程检测是指利用仪器设备，按照规范的操作程序，通过科学的技术手段，采集被检工程数据，并把所采集的数据按照规定方法进行分析，从而得到所检测对象的某些特征值的过程。工程检测是保证工程质量的重要环节和可靠手段。因此，建筑结构检测是建筑整个生命周期中不可或缺的一个环节。

2. 建筑结构检测分类

建筑结构检测应分为结构工程质量的检测和既有结构性能的检测。

（1）结构工程质量的检测

结构工程质量的检测应进行检测结论的符合性判定。遇有下列情况时，应委托第三方检测机构进行结构工程质量的检测：

1）国家现行有关标准规定的检测。

2）结构工程送样检验的数量不足或有关检验资料缺失。

3）施工质量送样检验或有关方自检的结果未达到设计要求。

4）对施工质量有怀疑或争议。

5）发生质量或安全事故。

6）工程质量保险要求实施的检测。

7）对既有建筑结构的工程质量有怀疑或争议。

8）未按规定进行施工质量验收的结构。

（2）既有结构性能的检测

既有结构性能的检测应为结构的评定提供真实、可靠、有效的数据和检测结论。既有建筑需要进行下列评定或鉴定时，应进行既有结构性能的检测：

1）建筑结构可靠性评定。

2）建筑的安全性和抗震性鉴定。

3）建筑大修前的评定。

4）建筑改变用途、改造、加层或扩建前的评定。

5）建筑结构达到设计使用年限要继续使用的评定。

6）受到自然灾害、环境侵蚀等影响建筑的评定。

7）发现紧急情况或有特殊问题的评定。

3. 建筑结构检测工作程序

检测工作程序是指检测机构从接受委托方的委托要求开始，到提交给委托方检测报告全过程的工作步骤，是保证检测工作正常和保证检测质量的重要组成部分。《建筑结构检测技术标准》GB/T 50344—2019、《混凝土结构现场检测技术标准》GB/T 50784—2013、《砌体工程现场检测技术标准》GB/T 50315—2011、《木结构现场检测技术标准》JGJ/T 488—2020等规范均规定了检测工作程序。部分建筑结构现场检测工作程序图，如图1.1.1所示。

一项完整的建筑结构检测工作应包括接受委托、初步调查（调查）、制定及确定检测方案、确认仪器设备状态、现场检测（含补充检测）、数据处理（计算分析和结果评价）、出具检测报告等内容。

（1）接受委托

建设工程质量检测应根据工程项目施工进度或工程实际需要进行委托，并应选择具有相应检测资质的检测机构。检测机构接受委托后，应与委托方签订检测书面合同，检测合同应注明检测项目及相关要求。

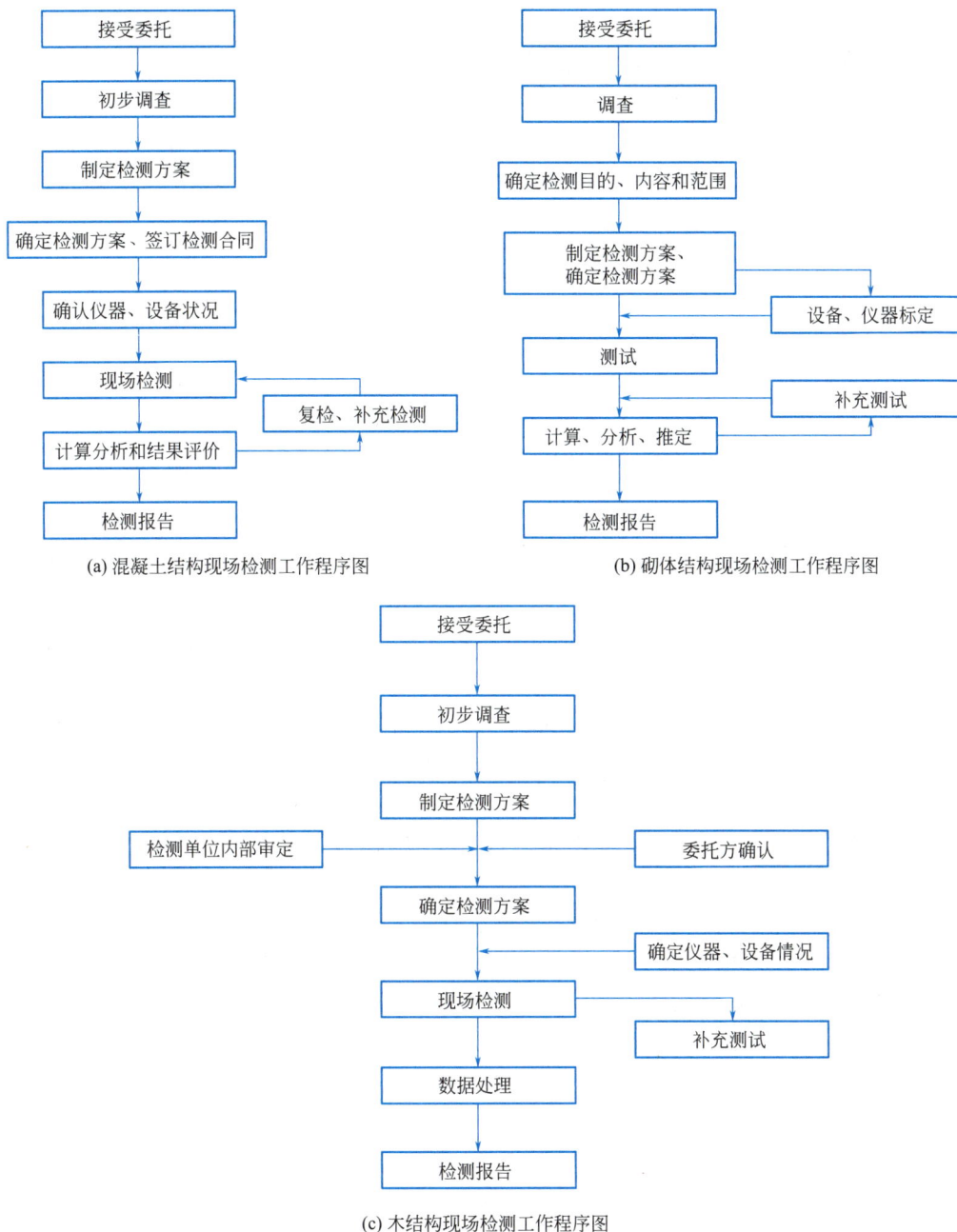

(a) 混凝土结构现场检测工作程序图

(b) 砌体结构现场检测工作程序图

(c) 木结构现场检测工作程序图

图 1.1.1　部分建筑结构现场检测工作程序图

小知识：

《房屋建筑和市政基础设施工程质量检测技术管理规范》GB 50618—2011 规定：

1）建设工程质量检测机构（以下简称检测机构）应取得建设主管部门颁发的相应资质证书。

2）检测机构必须在技术能力和资质规定范围内开展检测工作。

3）建设工程质量检测应委托具有相应资质的检测机构进行检测。

4）检测机构应配备能满足所开展检测项目要求的检测人员。

5）检测机构的技术负责人、质量负责人、检测项目负责人应具有工程类专业中级及其以上技术职称，掌握相关领域知识，具有规定的工作经历和检测工作经验；检测报告批准人、检测报告审核人应经检测机构技术负责人授权，掌握相关领域知识，并具有规定的工作经历和检测工作经验。

6）检测机构室内检测项目持有岗位证书的操作人员不得少于2人；现场检测项目持有岗位证书的操作人员不得少于3人。

7）检测操作人员应经技术培训、通过建设主管部门或委托有关机构的考核，方可从事检测工作。

8）检测人员应及时更新知识，按规定参加本岗位的继续教育；继续教育的学时应符合国家相关要求。

9）检测人员岗位能力应按规定定期进行确认。

（2）初步调查

初步调查阶段应尽可能了解和收集与被检测对象有关的资料，当委托方不能提供所需的原始资料时，还需要检测人员根据检测目的和现场情况尽可能收集必要的资料。对重要的检测工作，可先进行初检，根据初检的结果进行分析，进一步收集资料后再做详细检测。

初步调查应包括下列内容：

1）收集被检测结构的工程地质勘察报告、竣工图或设计施工图、施工质量验收记录等资料。

2）收集建筑结构使用期间的维修、检测、评定、加固和改造等资料。

3）调查被检测建筑结构缺陷、损伤、维修和加固等实际状况。

4）调查被检测建筑结构环境、用途或荷载等的实际状况。

5）向有关人员调查委托检测的原因以及资料调查和现场调查未能显现的问题。

（3）制定及确定检测方案

检测机构对现场工程实体检测应事前编制检测方案，并经技术负责人批准。对鉴定检测、危房检测，以及重大、重要检测项目和为有争议事项提供检测数据所制定的检测方案还应取得委托方的同意。检测项目需采用非标准方法检测时，检测机构应编制相应的检测作业指导书，并在检测委托合同中说明。

建筑结构的检测方案宜包括：工程概况或结构概况、委托方的检测目的或检测要求、检测依据、检测项目及选用的检测方法和检测的数量、检测人员和仪器设备、检测工作进度计划、所需要的配合工作、检测中的安全措施和环保措施等。

工程概况或结构概况应包括：工程名称、工程地点、结构类型、层数、建筑面积、基础形式及建造年代等建筑物基本信息和被检测对象的建设单位、设计单位、施工单位、监理单位等相关内容。

委托方的检测目的或检测要求应包括被检测对象需要检测的原因和性质。

　　检测依据应包括检测工作应采用的主要检测技术标准和评定标准，以及与被检测对象相关的设计、施工、改扩建等需要依据的和所涉及的资料。

　　检测项目及选用的检测方法中应覆盖委托合同书的所有项目，并根据相关标准予以具体细化。检测方法中应明确所使用的具体方法、使用的仪器设备名称及相应标准和操作规程。

　　检测数量应满足《建筑结构检测技术标准》GB/T 50344—2019中建筑结构抽样检测的最小样本容量要求，并明确被检测构件的数量和部位等。

　　（4）确认仪器设备状态

　　状态良好的检测设备是保证检测数据精准的前提条件。建筑结构检测所使用的仪器设备的精度应满足检测项目的要求，检测时仪器设备应在检定或校准周期内，并应处于正常状态。因此，检测人员在检测前应对检测设备进行核查，确认其运作正常。

　　《房屋建筑和市政基础设施工程质量检测技术管理规范》GB 50618—2011规定，当检测设备出现下列情况之一时，应进行校准或检测：

　　1）可能对检测结果有影响的改装、移动、修复和维修后。

　　2）停用超过校准或检测有效期后再次投入使用。

　　3）检测设备出现不正常工作情况。

　　4）使用频繁或经常携带运输到现场的，以及在恶劣环境下使用的检测设备。

　　《房屋建筑和市政基础设施工程质量检测技术管理规范》GB 50618—2011规定，当检测设备出现下列情况之一时，不得继续使用：

　　1）当设备指示装置损坏、刻度不清或其他影响测量精度时。

　　2）仪器设备的性能不稳定，漂移率偏大时。

　　3）当检测设备出现显示缺损或按键不灵敏等故障时。

　　4）其他影响检测结果的情况。

小知识：

　　《房屋建筑和市政基础设施工程质量检测技术管理规范》GB 50618—2011规定：

　　1）检测机构应配备能满足所开展检测项目要求的检测设备。

　　2）检测设备应送至具有校准或检测资格的实验室进行校准或检测。

　　3）检测设备的校准或检测结果应由检测项目负责人进行管理。

　　4）检测机构的所有设备均应标有统一的标识，在用的检测设备均应标有校准或检测有效期的状态标识。

　　5）检测机构应建立检测设备校准或检测周期台账，并建立设备档案，记录检测设备技术条件及使用过程的相关信息。

　　6）检测机构应对主要检测设备做好使用记录，用于现场检测的设备还应记录领用、归还情况。

　　7）检测机构应建立检测设备的维护保养、日常检查制度，并做好相应记录。

　　（5）现场检测、数据处理

　　建筑结构的现场检测、数据处理是整个检测工作的核心环节，除应按合同、检测方案完成检测内容外，还应遵守相关规范对人员、设备、方法、数量以及数据获取方式、原始记录填写等要求。

关于现场检测、数据处理的具体要求在之后的学习情境中逐一学习，此处不再赘述。

小知识：

《房屋建筑和市政基础设施工程质量检测技术管理规范》GB 50618—2011 规定：

1）检测前应确认检测人员的岗位资格，检测操作人员应熟知相应的检测操作规程和检测设备使用、维护技术手册等。

2）现场工程实体检测应有完善的安全措施。检测危险房屋时，还应对检测对象先进行勘查，必要时应先进行加固。

3）检测应严格按照经确认的检测方法、标准和现场工程实体检测方案进行。

4）检测操作应由不少于 2 名持证检测人员进行。

5）检测原始记录应在检测操作过程中及时真实记录，检测原始记录应采用统一的格式。检测原始记录笔误需要更正时，应由原记录人进行杠改，并在杠改处由原记录人签名或加盖印章。自动采集的原始数据当因检测设备故障导致原始数据异常时，应予以记录，并由检测人员作出书面说明，由检测机构技术负责人批准，方可进行更改。

（6）出具检测报告

检测工作完成后，应及时出具检测报告。检测报告应采用统一的格式，报告编号应按年度编号，编号应连续，不得重复和空号。报告至少应由检测操作人签字、检测报告审核人签字、检测报告批准人签发，并加盖检测专用章，多页检测报告还应加盖骑缝章。

《房屋建筑和市政基础设施工程质量检测技术管理规范》GB 50618—2011 规定，现场工程实体检测报告应包括下列内容：

1）委托单位名称。

2）委托单位委托检测的主要目的及要求。

3）工程概况，包括工程名称、结构类型、规模、施工日期、竣工日期及现状等。

4）工程的设计单位、施工单位及监理单位名称。

5）被检工程以往检测情况概述。

6）检测项目、检测方法及依据的标准。

7）抽样方案及数量（附测点图）。

8）检测日期和报告完成日期。

9）检测项目的主要分类、检测数据和汇总结果、检测结果及检测结论。

10）主要检测人、审核和批准人的签名。

11）对见证检测项目，应有见证单位、见证人员姓名、证书编号。

12）检测机构的名称、地址和通信信息。

13）报告的编号和每页及总页数的标识。

小知识：))) --->

《房屋建筑和市政基础设施工程质量检测技术管理规范》GB 50618—2011 规定：

1）检测机构应对出具的检测报告的真实性、准确性负责。

2）检测机构应建立检测结果不合格项目台账，并应对涉及结构安全、重要使用功能的不合格项目按规定报送时间报告工程项目所在地建设主管部门。

3）检测机构严禁出具虚假检测报告。凡出现下列情况之一的应判定为虚假检测报告：

① 不按规定的检测程序及方法进行检测出具的检测报告。

② 检测报告中数据、结论等实质性内容被更改的检测报告。

③ 未经检测就出具的检测报告。

④ 超出技术能力和资质规定范围出具的检测报告。

4）检测报告结论应符合下列规定：

① 材料的试验报告结论应按相关材料、质量标准给出明确的判定。

② 当仅有材料试验方法而无质量标准时，材料的试验报告结论应按设计要求或委托方要求给出明确的判定。

③ 现场工程实体的检测报告结论应根据设计及鉴定委托要求给出明确的判定。

>> 任务实施

依据任务书要求，以小组为单位，分别梳理出项目图纸中的 3 个项目（混凝土结构住宅楼、砌体结构住宅楼、木结构景观楼）结构工程质量检测的工作程序，并列出工作程序中各步骤应注意的重点与难点问题，记录于任务实施表。

>> 1-1-1

项目图纸

小贴士：))) --->

主体结构工程质量检测工作程序必须严格按照规范要求完成，这是确保工程质量检测顺利完成的起码的职业要求，每一个工程检测人都必须熟练掌握。

>> 1-1-2

任务分配表

4. 工作流程记录

在工作流程中所需要的任务实施表见表 1.1.1。

任务实施表   **表 1.1.1**

（此处为空白表格）

▶▶ 评价反馈

填写工作任务考核评价表。

1-1-3

考核评价表

📄 习题

一、单选题

1. 根据建筑主体结构检测工作流程，检测单位接受委托后，应进行（　　）。

A. 制定检测方案   B. 初步调查

C. 确认仪器设备状况　　　　　　　D. 现场检测

2.《房屋建筑和市政基础设施工程质量检测技术管理规范》GB 50618—2011 规定，检测机构必须在 （　　） 和资质规定范围内开展检测工作。

A. 技术能力　　　　　　　　　　　B. 设备能力

C. 行政许可范围内　　　　　　　　D. 行政规定范围内

3.《房屋建筑和市政基础设施工程质量检测技术管理规范》GB 50618—2011 规定，检测机构应对出具的检测报告真实性、（　　）负责。

A. 科学性　　　　　　　　　　　　B. 先进性

C. 规范性　　　　　　　　　　　　D. 准确性

4.《房屋建筑和市政基础设施工程质量检测技术管理规范》GB 50618—2011 规定，检测机构室内检测项目持有岗位证书的操作人员不得少于（　　）人。

A. 1　　　　　　B. 2　　　　　　C. 3　　　　　　D. 4

5.《房屋建筑和市政基础设施工程质量检测技术管理规范》GB 50618—2011 规定，检测操作应由不少于（　　）名持证检测人员进行。

A. 1　　　　　　B. 2　　　　　　C. 3　　　　　　D. 4

6.《房屋建筑和市政基础设施工程质量检测技术管理规范》GB 50618—2011 规定，检测应严格按照经确认的检测方法标准和（　　）进行。

A. 现场工程实体检测方案　　　　　B. 仪器操作规程

C. 合同约定　　　　　　　　　　　D. 委托方要求

二、多选题

1.《房屋建筑和市政基础设施工程质量检测技术管理规范》GB 50618—2011 规定，当检测设备出现 （　　） 情况时，不得继续使用。

A. 当设备指示装置损坏、刻度不清或其他影响测量精度时

B. 仪器设备的性能不稳定，漂移率偏大时

C. 设备超过校准或检测有效期

D. 当检测设备出现显示缺损或按键不灵敏等故障时

E. 其他影响检测结果的情况

2.《房屋建筑和市政基础设施工程质量检测技术管理规范》GB 50618—2011 规定，检测机构严禁出具虚假检测报告。当出现 （　　） 情况时，应判定为虚假检测报告。

A. 不按规定的检测程序及方法检测出具的检测报告

B. 检测报告中数据、结论等实质性内容被更改的检测报告

C. 检测报告中结论未按设计及鉴定委托要求给出明确的判定

D. 未经检测就出具的检测报告

E. 超出技术能力和资质规定范围出具的检测报告

3.《房屋建筑和市政基础设施工程质量检测技术管理规范》GB 50618—2011 规定，检测报告应符合 （　　） 规定。

A. 应保证报告内容的准确性、科学性、先进性

B. 材料的试验报告结论应按相关材料、质量标准给出明确的判定

C. 当仅有材料试验方法而无质量标准时，材料的试验报告结论应按设计要求或委托

方要求给出明确的判定

  D. 现场工程实体的检测报告结论应根据设计及鉴定委托要求给出明确的判定

  E. 检测报告结论应包含委托要求中所有检测项目的结论

混凝土结构检测

‹ 学习背景 ›

学习背景描述

混凝土结构是以混凝土为主要材料制作的结构，混凝土结构包括素混凝土结构、钢筋混凝土结构和预应力混凝土结构等。混凝土结构现场检测，应根据检测类别、检测目的、检测项目、结构实际状况和现场条件选择适用的检测方法。

某混凝土结构住宅楼主体结构施工完成，某检测机构受建设单位委托，需对该住宅楼主体结构进行混凝土结构检测。混凝土结构检测是对工程质量把关的重要一关，关系到人民的生命财产安全和社会稳定。每一名检测员都应该严格遵守规范，把关混凝土工程质量，坚守法律底线。

>> 2-0-1

本领域检测规范

学习目标

（1）知识目标：了解混凝土结构检测的方法、仪器设备及规范；熟悉混凝土结构检测流程，掌握各类待检参数的检测原理及方法，掌握检测数据处理方法。

（2）能力目标：能独立使用相关仪器设备完成混凝土构件截面尺寸、楼层净高、结构轴线检测；能独立完成混凝土构件抗压强度检测、混凝土中钢筋检测、混凝土构件外观质量与缺陷检测及混凝土构件裂缝检测；能规范填写混凝土构件检测原始记录表。

（3）素质目标：培养学生混凝土结构检测中严格遵守规范的质量意识；培养学生检测过程中不辞辛苦的劳动精神；培养学生出具检测报告实事求是的诚信意识；培养学生任务完成后，按照现场管理规范清理场地、归还仪器设备、资料归档，并按照环保规定处置废弃物的职业素养。

项目概况

(1) 工程名称：××住宅楼。
(2) 建设单位：××置业发展有限公司。
(3) 设计单位：××工程设计有限公司。
(4) 勘察单位：××地质工程勘察院。
(5) 施工单位：××建设集团股份有限公司。
(6) 监理单位：××监理有限责任公司。
(7) 建设地点：××市××区。
(8) 建筑面积：886.06m²。
(9) 建筑层数：地上 3 层。
(10) 建设高度：12.2m。
(11) 结构类型：框架结构。

未详尽之处，见工程施工图纸中建筑设计总说明及结构设计总说明。项目建筑施工图、结构图见项目图纸-项目 1。

知识导入

本学习领域主要完成结构位置及尺寸偏差、混凝土构件抗压强度、钢筋配置、混凝土外观质量与缺陷及混凝土构件裂缝等检测的工作任务。

混凝土结构位置及尺寸偏差检测可分为构件截面尺寸、标高、轴线位置、预埋件中心位置、构件垂直度等检测项目。混凝土结构位置及尺寸偏差检测，应以设计图纸规定的位置、尺寸为基准确定尺寸的偏差，位置、尺寸的检测方法和偏差允许值应按《混凝土结构工程施工质量验收规范》GB 50204—2015 确定。

混凝土构件抗压强度检测，为了避免或减少对结构带来的不利影响，通常采用非破损或局部破损的方法进行检测，一般采用回弹法、超声回弹综合法以及钻芯法等。

钢筋配置检测可分为钢筋直径、数量、位置、间距、混凝土保护层厚度等检测项目。钢筋数量、位置、间距以及混凝土保护层厚度，宜采用非破损的电磁感应法或雷达法进行检测，必要时可凿开混凝土进行钢筋直径或混凝土保护层厚度的验证。

混凝土构件外观质量与缺陷检测项目可分为蜂窝、麻面、孔洞、夹渣、露筋、裂缝、疏松区和不同时间浇筑的混凝土结合面质量等。混凝土构件外观质量检测，可采用目测与尺量的方法检测；对于建筑结构工程质量检测时，检测数量宜为全部构件；混凝土内部缺陷的检测，可采用超声法、冲击弹性波法等非破损方法，必要时可采用局部破损法对非破损检测结果进行验证。

混凝土构件裂缝的检测可根据实际情况，包括部位、外观形态、数量、长度、宽度、深度、动态观测等内容。混凝土构件裂缝可采用裂缝观测、超声法等非破损方法进行检测，并在检测时区分受力裂缝和非受力裂缝。

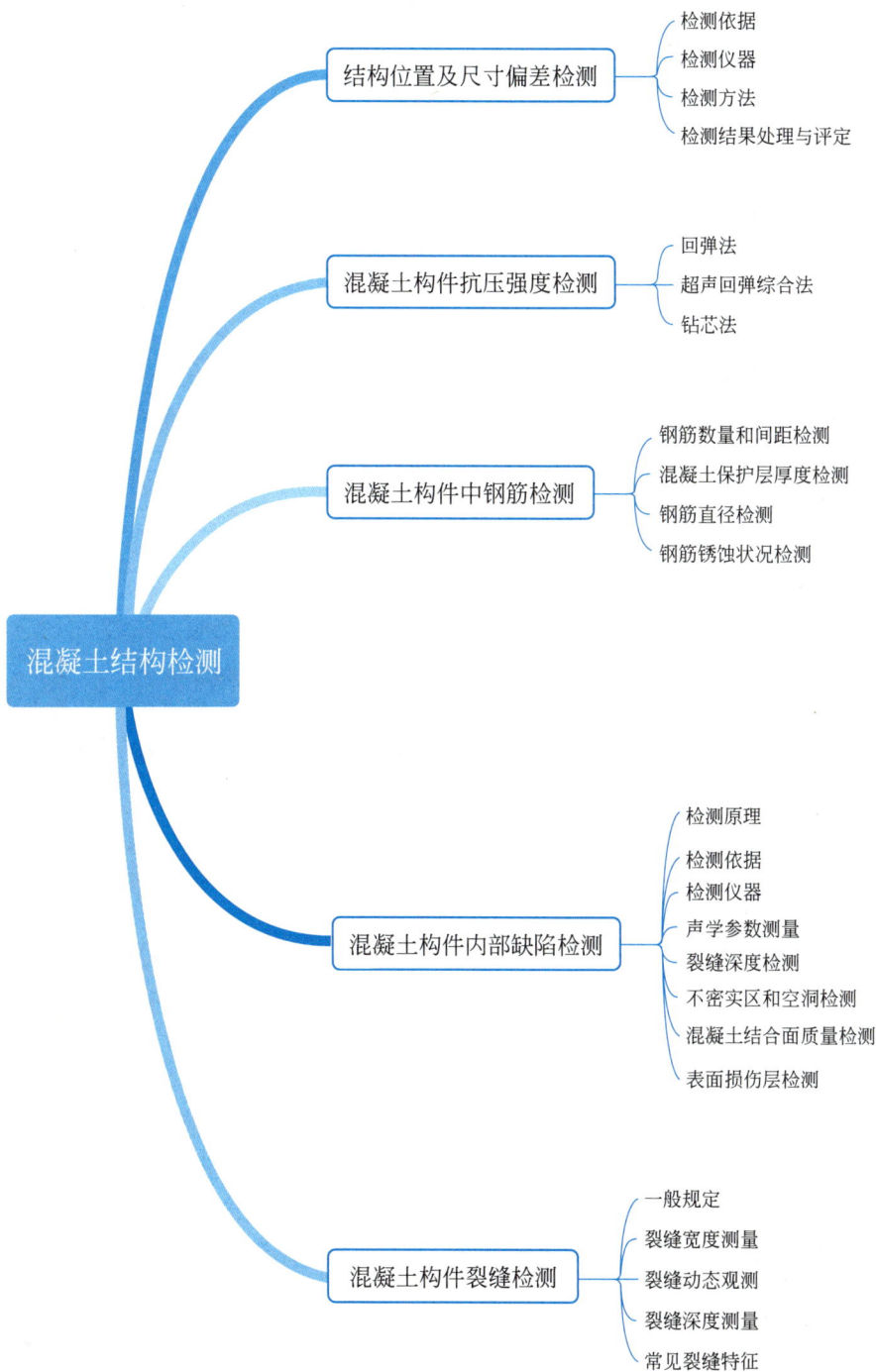

思维导图

结构位置及尺寸偏差检测
- 检测依据
- 检测仪器
- 检测方法
- 检测结果处理与评定

混凝土构件抗压强度检测
- 回弹法
- 超声回弹综合法
- 钻芯法

混凝土构件中钢筋检测
- 钢筋数量和间距检测
- 混凝土保护层厚度检测
- 钢筋直径检测
- 钢筋锈蚀状况检测

混凝土结构检测

混凝土构件内部缺陷检测
- 检测原理
- 检测依据
- 检测仪器
- 声学参数测量
- 裂缝深度检测
- 不密实区和空洞检测
- 混凝结合面质量检测
- 表面损伤层检测

混凝土构件裂缝检测
- 一般规定
- 裂缝宽度测量
- 裂缝动态观测
- 裂缝深度测量
- 常见裂缝特征

学习情境 2.1　结构位置及尺寸偏差检测

▶▶ 学习目标

通过学习情境的学习，会查阅相关规范，掌握混凝土构件截面尺寸、楼层净高、结构轴线等检测项目的检测方法及要求，能独立使用相关仪器设备完成混凝土构件截面尺寸、楼层净高、结构轴线位置、预埋件中心位置、构件垂直度等检测。

▶▶ 学习任务

根据委托任务要求，查阅相关规范获取结构位置及尺寸偏差检测的有效信息，并按照规范要求完成混凝土构件截面尺寸、楼层净高、结构轴线位置、预埋件中心位置、构件垂直度等检测项目，并规范填写原始记录。任务完成后，按照现场管理规范清理场地、归还仪器设备、资料归档，并按照环保规定处置废弃物。

▶▶ 知识获取

混凝土结构位置及尺寸偏差直接关系到构件的承载能力以及应力在混凝土构件中的传递，从而间接影响了整个结构的安全性。为确保混凝土构件乃至混凝土结构的安全性与功能性要求，《混凝土结构工程施工质量验收规范》GB 50204—2015 中明确规定，现浇结构不应有影响结构性能和使用功能的尺寸偏差。

> 2-1-1
>
> 结构位置及尺寸偏差检测技术要求

追求卓越

《礼记·经解》："《易》曰：'君子慎始，差若毫厘，谬以千里。'"

1. 检测依据

(1)《混凝土结构现场检测技术标准》GB/T 50784—2013。

(2)《混凝土结构工程施工质量验收规范》GB 50204—2015。

2. 检测仪器

检测仪器包括楼板测厚仪、激光测距仪、钢尺（或卷尺）等，如图 2.1.1 所示。

3. 检测方法

(1) 单个结构位置及尺寸偏差检测可按表 2.1.1 的混凝土构件几何尺寸检测方法进行。

> 2-1-2
>
> 结构位置及尺寸偏差检测操作步骤

1-楼板测厚仪；2-激光测距仪；3-卷尺

图 2.1.1　检测仪器

混凝土构件几何尺寸检测方法　　　　　　　　　　　　　　　　　　表 2.1.1

项目	检测方法
柱截面尺寸	选取柱的一边量测柱中部、下部及其他部位，取 3 点平均值
墙厚	墙身中部量测 3 点，取平均值；测点间距不应小于 1m
梁宽	量测一侧边跨中及两个距离支座 0.1m 处，取 3 点平均值
梁高	量测一侧边跨中及两个距离支座 0.1m 处，取 3 点平均值；量测值可取腹板高度加上此处楼板的实测厚度
板厚	悬挑板取距离支座 0.1m 处，沿宽度方向取包括中心位置在内的随机 3 点取平均值；其他楼板，在同一对角线上量测中间及距离两端 0.1m 处，取 3 点平均值
层高	与板厚测点相同，量测板顶至上层楼板板底净高，层高量测值为净高与板厚之和，取 3 点平均值

（2）批量结构位置及尺寸偏差检测

1）检测批量结构位置及尺寸偏差时，将同一楼层、结构缝或施工段中设计尺寸相同的同类型构件、轴线等划为同一检验批。

2）在检验批中随机选取构件、轴线等，按《混凝土结构现场检测技术标准》GB/T 50784—2013 第 3.4.4 条的有关规定确定受检构件、轴线等数量。

思考：))))---➤

　　如在检测过程中，将某混凝土结构住宅楼 2 楼同一类型柱作为一个检验批，那么在检测 2 层柱截面尺寸时需随机选取多少根柱作为检测对象？

3）每个构件、轴线等检测技术与单个结构位置及尺寸偏差检测方法相同。

4. 检测结果处理与评定

（1）单个结构位置及尺寸偏差检测

1）将每个测点的尺寸实测值与设计图纸规定的尺寸进行比较，计算每个测点的尺寸偏差值。

2）将计算的尺寸偏差值与《混凝土结构工程施工质量验收规范》

>>> 2-1-3

结构位置及
尺寸偏差检测
结果评定

GB 50204—2015 第 8.3.2 条规定的允许偏差值进行比较，见表 2.1.2。如果计算的尺寸偏差值在允许偏差范围内，则该检测指标尺寸判定为合格，反之则判定为不合格。

混凝土构件几何尺寸允许偏差   表 2.1.2

项目		允许偏差（mm）
截面尺寸	基础	+15，−10
	柱、梁、板、墙	+10，−5
	楼梯相邻踏步高差	6
轴线位置	整体基础	15
	独立基础	10
	柱、墙、梁	8
标高	层高	±10

（2）批量结构位置及尺寸偏差检测

1）对结构性能进行检测时，检验批构件截面尺寸推定值按《混凝土结构现场检测技术标准》GB/T 50784—2013 第 3.4.5 条进行符合性判定。

2）当检验批判定为符合且受检构件的尺寸偏差最大值不大于偏差允许值 1.5 倍时，可按设计的截面尺寸作为该批构件截面尺寸的推定值。

3）当检验批判定为不符合或检验批判定为符合但受检构件的尺寸偏差最大值大于偏差允许值 1.5 倍时，宜全数检测或重新划分检验批进行检测。

4）当不具备全数检测或重新划分检验批检测条件时，宜以最不利检测值作为该批构件尺寸的推定值。

备忘录：

▶▶ 任务实施

依据任务书要求，以小组为单位，按照规范要求完成混凝土构件截面尺寸、楼层净高、结构轴线位置、预埋件中心位置、构件垂直度等检测项目，并规范填写原始记录。

检测原始记录应客观、真实、准确、完整，在检测现场及时记录，不能追记，不允许重抄。原始记录字迹清晰，不得使用铅笔、圆珠笔填写原始记录，保证原始记录的可保存性。原始记录如记录有误，由检测人员采用"杠改"的形式更改，并由更改者签上姓名和更改日期，其他人无权更改原始记录。

2-1-4
任务分配表

小贴士：

规范操作、准确记录，养成严谨细致的工作习惯。

结构位置及尺寸偏差检测流程中所需的表格见表 2.1.3～表 2.1.6。

检测原始记录表   表 2.1.3

工程名称				
委托单位				
单元、楼层号		构件名称		
轴线位置		检测部位		
检测依据		检测日期		

示意图：

检测：   复核：

截面尺寸检测原始记录表   表 2.1.4

工程名称						检测日期			年　月　日	
序号	构件名称	构件轴线位置	类别	设计要求（mm）	1 实测值（mm）	2 实测值（mm）	3 实测值（mm）	实测平均值（mm）	偏差（mm）

构件类别1尺寸示意图：	构件类别2尺寸示意图：	构件类别3尺寸示意图：

检测：　　　　　　　　　　　　　　　　　　　　　　　　　　复核：

轴线尺寸/楼层净高检测原始记录表　　　表 2.1.5

工程名称							检测日期		年　月　日	
序号	检测类别	构件轴线位置	设计要求（mm）	1 实测值（mm）	2 实测值（mm）	3 实测值（mm）	实测平均值（mm）		偏差（mm）	

检测：　　　　　　　　　　　　　　　　　　　　　复核：

楼板厚度检测原始记录表

表 2.1.6

工程名称							检测日期		年 月 日	
序号	构件名称	构件轴线位置	设计要求（mm）	1 实测值（mm）	2 实测值（mm）	3 实测值（mm）	实测平均值（mm）		偏差（mm）	

支座 ↓

悬挑板测点位置分布图

1#
2#
3#

非悬挑板测点位置分布图

1#
2#
3#

备注：

1. 检测时，对于每个待测楼板，选择有代表性的区域（见左侧附图）进行检测。

2. 悬挑板：1#~3#点沿宽度方向距离支座100mm，2#点为中心位置。

非悬挑板：1#、3#点为同一对角线上距离两端各100mm处，2#点为同一对角线中间点。

3. 非悬挑板左图水平方向与图纸数字轴线方向相同。

4. 加下划线的偏差值为超过允许偏差的数值。

5. 规范允许偏差（mm）：+10，−5。

检测：

复核：

➤➤ 评价反馈

填写工作任务考核评价表。

➤➤ 2-1-5

考核评价表

‹ 学习情境 2.2　混凝土构件抗压强度检测 ›

≫ 学习目标

通过学习情境的学习，会查阅相关规范，掌握回弹法、超声回弹综合法、钻芯法检测混凝土构件抗压强度的方法及要求，能独立使用相关仪器设备采用回弹法、超声回弹综合法、钻芯法完成混凝土构件抗压强度检测。

≫ 学习任务

某混凝土结构住宅楼主体结构施工完成，某检测机构受建设单位委托，现需对该住宅楼主体结构进行混凝土构件抗压强度检测。接受委托后，查阅相关规范获取混凝土构件抗压强度检测的有效信息，并按照规范要求分别采用回弹法、超声回弹综合法、钻芯法完成混凝土构件抗压强度检测，规范填写混凝土构件抗压强度检测原始记录表。任务完成后，按照现场管理规范清理场地、归还仪器设备、资料归档，并按照环保规定处置废弃物。

检测尖兵

宋学智以十年检测实践诠释工匠精神。创新研发"自定心锚索抗拔夹具"，攻克检测偏差难题。严格把关千余项目零事故，培养 30 余名技术骨干，以"数据就是生命"的责任心筑牢质量防线。荣获河北省技术能手等称号，其"毫米级"的严谨与创新突破，彰显了新时代检测人的专业担当。

≫ 知识获取

混凝土构件的强度是决定混凝土结构和构件受力性能的关键因素，也是评定混凝土结构和构件性能的主要参数。

对既有建筑物混凝土抗压强度的测试方法有很多，大致可分为非破损法和局部破损法两类。本学习情境主要学习回弹法、超声回弹综合法两种非破损法以及钻芯法一种局部破损法。

1. 回弹法

1.1　检测原理

回弹法是一种非破损检测方法，其原理是用一弹簧驱动的重锤，通过弹击杆（传力杆），弹击混凝土表面，并测出重锤被反弹回来的距离，以回弹值（反弹距离与弹簧初始长度之比）作为与强度相关的指标来推定混凝土强度。由于检测在混凝土表面进行，所以是基于混凝土强度与混凝土表面硬度之间存在相关性而建立的一种检测方法。

1.2　检测依据

（1）《混凝土结构现场检测技术标准》GB/T 50784—2013。

（2）《回弹法检测混凝土抗压强度技术规程》JGJ/T 23—2011。

1.3　检测仪器

回弹法检测混凝土抗压强度所用仪器为混凝土回弹仪，回弹仪分为指针直读式回弹仪和数字式回弹仪。相对来说，数字回弹仪精度更高，如图 2.2.1 所示。

图 2.2.1　数字回弹仪

（1）回弹仪技术要求

回弹仪应符合《回弹仪》GB/T 9138—2015 的规定，且应符合下列规定：

1）水平弹击时，在弹击锤脱钩瞬间，回弹仪的标称能量应符合规范规定。

小提示：

　　回弹仪分为重型、中型和轻型三种类型；按回弹仪标称能量的不同分为六种规格。重型代号分别为 H980、H550 和 H450，标称能量分别为 9.800J、5.500J 和 4.500J；中型代号为 M225，标称能量为 2.207J；轻型代号 L75 和 L20，标称能量分别为 0.735J 和 0.196J。

2）在弹击锤与弹击杆碰撞的瞬间，弹击拉簧应处于自由状态，且弹击锤起跳点应位于指针指示刻度尺上的"0"处。

3）在洛氏硬度 HRC 为 60 ± 2 的钢砧上，回弹仪的率定值应为 80 ± 2。

4）数字式回弹仪应带有指针直读示值系统；数字显示的回弹值与指针直读示值相差不应超过 1。

5）回弹仪使用时的环境温度应为 $-4\sim40℃$。

（2）回弹仪的检定

1）回弹仪检定周期为半年。当回弹仪存在下列情况之一时，应由法定计量检定机构按《回弹仪检定规程》JJG 817—2011 的规定进行检定：

① 新回弹仪启用前。

② 超过检定有效期限。

③ 数字式回弹仪数字显示的回弹值与指针直读示值相差大于 1。

④ 经保养后，在钢砧上的率定值不合格。

⑤ 遭受严重撞击或其他损害。

2）回弹仪的率定试验应符合下列规定：

① 率定试验应在室温为 5～35℃ 的条件下进行。

② 钢砧表面应干燥、清洁，并应稳固地平放在刚度大的物体上。

③ 回弹值应取连续向下弹击三次的稳定回弹结果的平均值。

④ 率定试验应分四个方向进行，且每个方向弹击前，弹击杆应旋转 90°，每个方向的回弹平均值均应为 80±2。

3）回弹仪率定试验所用的钢砧应每 2 年送授权计量检定机构检定或校准。

（3）回弹仪的保养

当回弹仪存在下列情况之一时，应进行保养：

1）回弹仪弹击超过 2000 次。

2）在钢砧上的率定值不合格。

3）对检测值有怀疑。

1.4 检测方法

（1）检测数量

2-2-2

回弹法检测混凝土强度操作步骤

混凝土强度可按单个构件或按批量进行检测。对于混凝土生产工艺、强度等级相同，原材料、配合比、养护条件基本一致且龄期相近的一批同类构件的检测应采用批量检测。按批量进行检测时，应随机抽取构件，抽检数量不宜少于同批构件总数的 30% 且不宜少于 10 件。当检验批构件数量大于 30 个时，抽样构件数量可适当调整，并不得少于国家现行有关标准规定的最少抽样数量。

（2）率定

回弹仪在检测前后，均应在钢砧上做率定试验。

（3）测区布置

1）对于一般构件，测区数不宜少于 10 个。当受检构件数量大于 30 个且不需提供单个构件推定强度或受检构件某一方向尺寸不大于 4.5m 且另一方向尺寸不大于 0.3m 时，每个构件的测区数量可适当减少，但不应少于 5 个。

2）相邻两测区的间距不应大于 2m，测区离构件端部或施工缝边缘的距离不宜大于 0.5m，且不宜小于 0.2m。

3）测区宜选在能使回弹仪处于水平方向的混凝土浇筑侧面。当不能满足这一要求时，也可选在使回弹仪处于非水平方向的混凝土浇筑表面或底面。检测泵送混凝土强度时，测区应选在混凝土浇筑侧面。

4）测区宜布置在构件的两个对称的可测面上，当不能布置在对称的可测面上时，也可布置在同一可测面上，且应均匀分布。在构件的重要部位及薄弱部位应布置测区，并应避开预埋件。

5）测区的面积不宜大于$0.04m^2$。

6）测区表面应为混凝土原浆面，并应清洁、平整，不应有疏松层、浮浆、油垢、涂层以及蜂窝、麻面。

7）对于弹击时产生颤动的薄壁、小型构件，应进行固定。

8）测区应标有清晰的编号，并宜在记录纸上绘制测区布置示意图和描述外观质量情况。

（4）回弹值测量

1）测量回弹值时，回弹仪的轴线应始终垂直于混凝土检测面，并应缓慢施压、准确读数、快速复位。

2）每一测区应读取16个回弹值，每一测点的回弹值读数应精确至1。测点宜在测区范围内均匀分布，相邻两测点的净距离不宜小于20mm；测点距外露钢筋、预埋件的距离不宜小于30mm；测点不应在气孔或外露石子上，同一测点应只弹击一次。

（5）碳化深度值测量

1）回弹值测量完毕后，在有代表性的测区上测量碳化深度值，测点数不应少于构件测区数的30%，并取其平均值作为该构件每个测区的碳化深度值。当碳化深度值极差大于2.0mm时，应在每一测区分别测量碳化深度值。

2）碳化深度值的测量应符合下列规定：

① 可采用工具在测区表面形成直径约15mm的孔洞，其深度应大于混凝土的碳化深度。

② 应清除孔洞中的粉末和碎屑，且不得用水擦洗。

③ 应采用浓度为1%～2%的酚酞酒精溶液滴在孔洞内壁的边缘处，当已碳化与未碳化界线清晰时，采用碳化深度测量仪测量已碳化与未碳化混凝土交界面到混凝土表面的垂直距离，并测量3次，每次读数应精确至0.25mm。

④ 应取三次测量结果的平均值作为检测结果，并精确至0.5mm。

思考：

为什么需要检测碳化深度值？

1.5 回弹值计算

> 2-2-3
>
> 回弹法检测
> 混凝土强度
> 数据处理

（1）计算测区平均回弹值

计算测区平均回弹值时，应从该测区的16个回弹值中剔除3个最大值和3个最小值，其余的10个回弹值按式（2.2.1）计算：

$$R_m = \frac{\sum\limits_{i=1}^{10} R_i}{10}$$ （2.2.1）

式中 R_m——测区平均回弹值，精确至0.1；

R_i——第i个测点的回弹值。

（2）角度修正

非水平方向检测混凝土浇筑侧面时，测区的平均回弹值应按式（2.2.2）修正：

$$R_m = R_{m\alpha} + R_{a\alpha} \qquad (2.2.2)$$

式中 $R_{m\alpha}$——非水平方向检测时测区的平均回弹值，精确至 0.1；

$R_{a\alpha}$——非水平方向检测时回弹值修正值，应按《回弹法检测混凝土抗压强度技术规程》JGJ/T 23—2011 附录 C 取值。

（3）浇筑面修正

水平方向检测混凝土浇筑表面或浇筑底面时，测区的平均回弹值应按式（2.2.3）、式（2.2.4）修正：

$$R_m = R_m^t + R_a^t \qquad (2.2.3)$$

$$R_m = R_m^b + R_a^b \qquad (2.2.4)$$

式中 R_m^t、R_m^b——水平方向检测混凝土浇筑表面、底面时，测区的平均回弹值，精确至 0.1；

R_a^t、R_a^b——混凝土浇筑表面、底面回弹值的修正值，应按《回弹法检测混凝土抗压强度技术规程》JGJ/T 23—2011 附录 D 取值。

小提示：

当回弹仪为非水平方向且测试面为混凝土的非浇筑侧面时，应先对回弹值进行角度修正，并应对修正后的回弹值进行浇筑面修正。

1.6　混凝土强度计算

（1）强度换算

构件第 i 个测区混凝土强度换算值，可按平均回弹值（R_m）及平均碳化深度值（d_m）由《回弹法检测混凝土抗压强度技术规程》JGJ/T 23—2011 附录 A、附录 B 查表或计算得出。当有地区或专用测强曲线时，混凝土强度的换算值宜按地区测强曲线或专用测强曲线计算或查表得出。

（2）计算测区混凝土强度平均值

构件的测区混凝土强度平均值应根据各测区的混凝土强度换算值计算。当测区数为 10 个及以上时，还应计算强度标准差。平均值及标准差应按式（2.2.5）、式（2.2.6）计算：

$$m_{f_{cu}^c} = \frac{\sum_{i=1}^{n} f_{cu,i}^c}{n} \qquad (2.2.5)$$

$$S_{f_{cu}^c} = \sqrt{\frac{\sum_{i=1}^{n} (f_{cu,i}^c)^2 - n(m_{f_{cu}^c})^2}{n-1}} \qquad (2.2.6)$$

式中 $m_{f_{cu}^c}$——构件测区混凝土强度换算值的平均值（MPa），精确至 0.1MPa；

n——对于单个检测的构件，取该构件的测区数；对批量检测的构件，取所有被抽检构件测区数之和；

$S_{f_{cu}^c}$——结构或构件测区混凝土强度换算值的标准差（MPa），精确至 0.01MPa。

（3）计算构件的现龄期混凝土强度推定值

1）当构件测区数少于 10 个时，应按式（2.2.7）计算：

$$f_{cu,e} = f_{cu,min}^c \tag{2.2.7}$$

式中 $f_{cu,min}^c$——构件中最小的测区混凝土强度换算值。

2）当构件的测区强度值中出现小于 10.0MPa 时，应按式（2.2.8）确定：

$$f_{cu,e} < 10.0MPa \tag{2.2.8}$$

3）当构件测区数不少于 10 个时，应按式（2.2.9）计算：

$$f_{cu,e} = m_{f_{cu}^c} - 1.645 S_{f_{cu}^c} \tag{2.2.9}$$

4）当批量检测时，应按式（2.2.10）计算：

$$f_{cu,e} = m_{f_{cu}^c} - k S_{f_{cu}^c} \tag{2.2.10}$$

式中 k——推定系数，宜取 1.645。当需要进行推定强度区间时，可按国家现行有关标准的规定取值。

注：构件的混凝土强度推定值是指相应于强度换算值总体分布中保证率不低于 95％的构件中混凝土抗压强度值。

小提示：〉〉〉

对按批量检测的构件，当该批构件混凝土强度标准差出现下列情况之一时，该批构件应全部按单个构件检测：

1）当该批构件混凝土强度平均值小于 25MPa、$S_{f_{cu}^c}$ 大于 4.5MPa 时。

2）当该批构件混凝土强度平均值不小于 25MPa 且不大于 60MPa、$S_{f_{cu}^c}$ 大于 5.5MPa 时。

备忘录：

---

2. 超声回弹综合法

2.1 检测原理

超声回弹综合法是指采用超声仪和回弹仪，在构件混凝土同一测区分别测量声速和回弹值，然后利用已建立起的测强公式推算测区混凝土强度（混凝土抗压强度）的一种方法。与单一回弹法或超声法相比，超声回弹综合法具有受混凝土龄期和含水率影响小、测试精度高、适用范围广、能够较全面地反映结构混凝土的实际质量等优点。

2.2 检测依据

(1)《混凝土结构现场检测技术标准》GB/T 50784—2013。

(2)《超声回弹综合法检测混凝土抗压强度技术规程》T/CECS 02—2020。

2.3 检测仪器

超声回弹综合法检测混凝土抗压强度所用仪器为回弹仪和混凝土超声波检测仪，其中回弹仪相关要求与回弹法中回弹仪要求一致，此节仅介绍混凝土超声波检测仪，如图 2.2.2 所示。

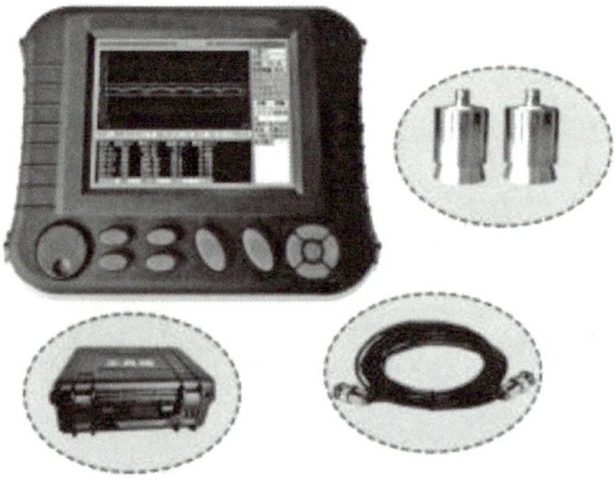

2-2-4

超声回弹综合法检测混凝土抗压强度

图 2.2.2　混凝土超声波检测仪

混凝土超声波检测仪宜为数字式，可对接收的超声波波形进行数字化采集和存储；具有清晰、稳定的波形显示示波装置；具备手动游标测读和自动测读两种声参量测读功能，且自动测读时可标记出声时、幅度的测读位置；具备对各测点的波形和测读声时参量进行存储功能。

(1)混凝土超声波检测仪的检定

有下列情况之一时，混凝土超声波检测仪应进行检定或校准：

1)新混凝土超声波检测仪启用前。

2)超过检定或校准有效期。

3)仪器修理或更换零件后。

4)测试过程中对声时值有怀疑时。

5)仪器遭受严重撞击或其他损害。

(2)混凝土超声波检测仪的保养

混凝土超声波检测仪的保养应符合下列规定：

1)若仪器在较长时间内停用，每月应通电 1 次，每次不宜少于 1h。

2)仪器检测完毕，应擦干仪器表面的灰尘，放入机箱内，并存放在通风、阴凉、干燥处，无论存放或工作时，均应防尘。

3)在搬运过程中应防止碰撞和剧烈振动。

4)换能器应避免摔损和撞击，工作完毕应擦拭干净单独存放。换能器的耦合面应避免磨损，不得随意拆装。

2.4　检测方法

（1）检测数量

1）按批抽样检测时，满足下列条件的构件可作为同批构件：

① 混凝土设计强度等级相同。

② 混凝土原材料、配合比、成型工艺、养护条件和龄期基本相同。

③ 构件种类相同。

④ 施工阶段所处状态基本相同。

2）当同批构件按批进行一次或二次随机抽样检测时，随机抽样的最小样本容量宜符合《超声回弹综合法检测混凝土抗压强度技术规程》T/CECS 02—2020 表 5.1.2 的规定。

（2）测区布置

1）构件检测时，应在构件检测面上均匀布置测区，每个构件上的测区数不应少于 10 个。对于检测面一个方向尺寸不大于 4.5m，且另一个方向尺寸不大于 0.3m 的构件，测区数可适当减少，但不应少于 5 个。

2）构件的测区布置应符合下列规定：

① 在条件允许时，测区宜布置在构件混凝土浇筑方向的侧面。

② 测区可在构件的两个相对面、相邻面或同一面上布置。

③ 测区宜均匀布置，相邻两测区的间距不宜大于 2m。

④ 测区应避开钢筋密集区和预埋件。

⑤ 测区尺寸宜为 200mm×200mm，采用平测时宜为 400mm×400mm。

⑥ 测试面应为清洁、平整、干燥的混凝土原浆面，不应有接缝、施工缝、饰面层、浮浆和油垢，并应避开蜂窝、麻面部位。

⑦ 测试时可能产生颤动的薄壁、小型构件，应对构件进行固定。

3）测区应进行编号，并应记录测区位置和外观质量情况。

4）每一测区，应先进行回弹测试，后进行超声测试。

5）计算混凝土抗压强度换算值时，非同一测区内的回弹值和声速值不得混用。

（3）回弹值测试

1）回弹测试时，回弹仪的轴线应始终保持垂直于混凝土检测面，测试时缓慢施压、准确读数、快速复位。宜首先选择混凝土浇筑方向的侧面进行水平方向测试。若不具备浇筑方向侧面水平测试的条件，可采用非水平状态测试，或测试混凝土浇筑的表面或底面。

2）测点宜在测区范围内均匀布置，不得布置在气孔或外露石子上。相邻两个测点的间距不宜小于 20mm；测点与构件边缘、外露钢筋或预埋件的距离不宜小于 30mm。

3）超声对测或角测时，回弹测试应在测区内超声波的发射面和接收面各读 5 个回弹值；超声平测时，回弹测试应在测区内超声波的发射测点和接收测点之间测读 10 个回弹值。每一测点回弹值的测读应精确至 1，且同一测点应只允许弹击 1 次。

（4）超声测试

超声测点应布置在回弹测试的同一测区内，每一测区布置 3 个测点。超声测试宜采用对测，当被测构件不具备对测条件时，可采用角测或平测。

超声测试应符合下列规定：

1）应在混凝土超声波检测仪上配置满足要求的换能器和高频电缆。

2）换能器辐射面应与混凝土测试面耦合。

3）应先测定声时初读数（t_0），再进行声时测量，读数应精确至 0.1μs。

4）超声测距（l）测量应精确至 1mm，且测量允许误差应在 ±1%。

5）检测过程中若更换换能器或高频电缆，应重新测定声时初读数（t_0）。

6）声速计算值应精确至 0.01km/s。

2.5 回弹值计算

（1）计算测区平均回弹值

测区回弹代表值应从测区的 10 个回弹值中剔除 1 个最大值和 1 个最小值，并应用剩余 8 个有效回弹值按式（2.2.11）计算：

$$R = \frac{1}{8}\sum_{i=1}^{8} R_i \tag{2.2.11}$$

式中 R——测区平均回弹值，精确至 0.1；

$\quad\quad R_i$——第 i 个测点的有效回弹值。

（2）角度修正

非水平状态下测得的回弹值，应按式（2.2.12）进行角度修正：

$$R_a = R + R_{a\alpha} \tag{2.2.12}$$

式中 R_a——修正后的测区回弹代表值；

$\quad\quad R_{a\alpha}$——测试角度为 α 时的测区回弹值修正值，可按《超声回弹综合法检测混凝土抗压强度技术规程》T/CECS 02—2020 附录 B 采用。

（3）浇筑面修正

在混凝土浇筑的表面或底面测得的回弹值，应按式（2.2.13）、式（2.2.14）进行浇筑面修正：

$$R_a = R + R_a^t \tag{2.2.13}$$

$$R_a = R + R_a^b \tag{2.2.14}$$

式中 R_a^t——测量混凝土浇筑表面时的测区回弹值修正值，可按《超声回弹综合法检测混凝土抗压强度技术规程》T/CECS 02—2020 附录 C 采用；

$\quad\quad R_a^b$——测量混凝土浇筑底面时的测区回弹值修正值，可按《超声回弹综合法检测混凝土抗压强度技术规程》T/CECS 02—2020 附录 C 采用。

小提示：

测试时回弹仪处于非水平状态，同时测试面又是非混凝土浇筑方向的侧面，测得的回弹值应先进行角度修正，然后对角度修正后的值再进行表面或底面修正。

2.6 声速值计算

（1）当在混凝土浇筑方向的侧面对测时，测区混凝土中声速代表值应按式（2.2.15）

计算：

$$v_{\mathrm{d}} = \frac{1}{3} \sum_{i=1}^{3} \frac{l_i}{t_i - t_0} \qquad (2.2.15)$$

式中 v_{d}——对测测区混凝土中声速代表值（km/s）；

l_i——第 i 个测点的超声测距（mm）；

t_i——第 i 个测点的声时读数（μs）；

t_0——声时初读数（μs）。

（2）当在混凝土浇筑的表面或底面对测时，测区混凝土中声速代表值应按式（2.2.16）修正：

$$v_{\mathrm{a}} = \beta \cdot v_{\mathrm{d}} \qquad (2.2.16)$$

式中 v_{a}——修正后的测区混凝土中声速代表值（km/s）；

β——超声测试面的声速修正系数，取 1.034。

小贴士：

工程结构检测结果是对工程质量进行评定和验收的主要依据，混凝土结构强度更是混凝土质量的主要指标之一。熟练掌握检测技术，确保检测数据的科学性、准确性，在规范要求下实事求是地记录检测结果，不篡改检测数据，确保检测数据的真实性。遵守良心底线和法律底线，是每个检测人基本的职业要求。

2.7 混凝土抗压强度推定

（1）强度换算

构件第 i 个测区的混凝土抗压强度换算值，可求得修正后的测区回弹代表值（R_{ai}）和声速代表值（v_{ai}）后按式（2.2.17）（全国测强曲线）计算：

$$f_{\mathrm{cu},i}^{\mathrm{c}} = 0.0286 v_{ai}^{1.999} R_{ai}^{1.155} \qquad (2.2.17)$$

式中 $f_{\mathrm{cu},i}^{\mathrm{c}}$——第 i 个测区的混凝土抗压强度换算值（MPa），精确至 0.1MPa；

R_{ai}——第 i 个测区修正后的测区回弹代表值；

v_{ai}——第 i 个测区修正后的测区声速代表值。

当有专用测强曲线、地区测强曲线时，混凝土强度的换算值应按专用测强曲线或地区测强曲线计算得出。

（2）计算构件的现龄期混凝土强度推定值

1）当构件的测区混凝土抗压强度换算值中出现小于 10.0MPa 的值时，构件的混凝土抗压强度推定值应为小于 10.0MPa。

2）当构件测区数少于 10 个时，应按式（2.2.18）计算：

$$f_{\mathrm{cu,e}} = f_{\mathrm{cu,min}}^{\mathrm{c}} \qquad (2.2.18)$$

式中 $f_{\mathrm{cu,min}}^{\mathrm{c}}$——构件中最小的测区混凝土强度换算值（MPa），精确至 0.1MPa。

3）当构件测区数不少于 10 个或按批量检测时，应按式（2.2.19）～式（2.2.21）计算：

$$f_{\mathrm{cu,e}} = m_{f_{\mathrm{cu}}^{\mathrm{c}}} - 1.645 S_{f_{\mathrm{cu}}^{\mathrm{c}}} \qquad (2.2.19)$$

$$m_{f_{cu}^c} = \frac{\sum_{i=1}^{n} f_{cu,i}^c}{n} \tag{2.2.20}$$

$$S_{f_{cu}^c} = \sqrt{\frac{\sum_{i=1}^{n}(f_{cu,i}^c)^2 - n(m_{f_{cu}^c})^2}{n-1}} \tag{2.2.21}$$

式中　$m_{f_{cu}^c}$——测区混凝土抗压强度换算值的平均值（MPa），精确至 0.1MPa；

$S_{f_{cu}^c}$——测区混凝土抗压强度换算值的标准差（MPa），精确至 0.01MPa；

$f_{cu,i}^c$——第 i 个测区的混凝土抗压强度换算值（MPa），精确至 0.1MPa；

n——测区数；对于单个检测的构件，取构件的测区数；对批量检测的构件，取所有被抽检构件测区数之和。

思考：

回弹法与超声回弹综合法有哪些相同点？有哪些不同点？

3. 钻芯法

3.1　检测原理

钻芯法是一种局部破损的现场检测混凝土抗压强度的方法。钻芯法利用钻芯机及配套机具，在混凝土结构构件上钻取芯样，通过芯样试件的抗压强度直接推定结构的混凝土抗压强度。

钻芯法无需混凝土立方体试块和测强曲线，其测得的强度值能真实反映结构混凝土的质量，具有直观、准确、代表性强、可同时检测混凝土内部缺陷等优点，主要适用于下列情况：

（1）对立方体试块抗压强度的测试结果有怀疑时。

（2）因材料、施工或养护不良而发生混凝土质量问题时。

（3）混凝土遭受冻害、火灾、化学侵蚀或其他损害时。

（4）需检测经多年使用的结构中混凝土强度时。

（5）当需要施工验收辅助资料时。

思考：

钻芯法适用情况与回弹法、超声回弹综合法的区别是什么？

3.2　检测依据

（1）《混凝土结构现场检测技术标准》GB/T 50784—2013。

（2）《钻芯法检测混凝土强度技术规程》JGJ/T 384—2016。

3.3　检测仪器

（1）钻芯机。

（2）锯切机。

（3）磨平机。

（4）芯样端面加工的补平装置。

（5）钢筋扫描仪。

以上检测设备与仪器均应有产品合格证，计量器具经检定或校准，并应在有效期内使用。

3.4　芯样钻取

（1）钻芯位置的选择

合理选择钻芯位置，可减少测试误差，避免出现意外事故等情况。芯样宜在结构或构件的下列部位钻取：

1）结构或构件受力较小的部位。

2）混凝土强度具有代表性的部位。

3）便于钻芯机安放与操作的部位。

4）宜采用钢筋探测仪测试或局部剔凿的方法避开主筋、预埋件和管线。

2-2-5

钻芯检测混凝土
强度操作步骤

（2）标记芯样

当芯样从结构或构件中取出后，芯样应进行标记，钻取部位应予以记录。芯样高度及质量不能满足要求时，则应重新钻取芯样。

（3）芯样应采取保护措施，避免在运输和贮存中损坏。

（4）钻芯后留下的孔洞应及时进行修补。

3.5　芯样加工

（1）标准芯样要求

抗压芯样试件宜使用直径为 100mm 的芯样，且其直径不宜小于骨料最大粒径的 3 倍，高径比（H/d）宜为 1。也可采用小直径芯样，但其直径不应小于 70mm 且不得小于骨料最大粒径的 2 倍。

芯样试件内不宜含有钢筋，也可有一根直径不大于 10mm 的钢筋，且钢筋应与芯样试件的轴线垂直并离开端面 10mm 以上。

（2）芯样端面补平处理

对于锯切后的芯样，一般不能满足抗压试件的要求，应进行端面处理。可采取在磨平机上磨平端面的处理方法，也可采用硫黄胶泥或环氧胶泥补平，补平层厚度不宜大于 2mm。抗压强度低于 30MPa 的芯样试件，不宜采用磨平端面的处理方法；抗压强度高于

60MPa 的芯样试件，不宜采用硫黄胶泥或环氧胶泥补平的处理方法。

（3）芯样试件尺寸测量

对芯样试件进行加工后，应按规定测量芯样试件直径、高度、垂直度、平整度等。平均直径应用游标卡尺在芯样试件上部、中部和下部相互垂直的两个位置上共测量 6 次，取测量的算术平均值作为芯样试件的直径，精确至 0.5mm；芯样试件高度可用钢卷尺或钢板尺进行测量，精确至 1.0mm；垂直度应用游标量角器测量芯样试件两个端面与母线的夹角，取最大值作为芯样试件的垂直度，精确至 0.1°；平整度可用钢板尺或角尺紧靠在芯样试件承压面（线）上，一边转动钢板尺，一边用塞尺测量钢板尺与芯样试件承压面（线）之间的缝隙，取最大缝隙为芯样试件的平整度；也可采用其他专用设备测量。

为减小测试偏差和样本的标准偏差，当芯样试件的尺寸偏差及外观质量超过下列数值时，相应的芯样试件不宜进行试验：

1）抗压芯样试件的实际高径比（H/d）小于要求高径比的 0.95 或大于 1.05。

2）抗压芯样试件端面与轴线的不垂直度超过 1°。

3）抗压芯样试件端面的不平整度在每 100mm 长度内超过 0.1mm；劈裂抗拉和抗折芯样试件承压线的不平整度在每 100mm 长度内超过 0.25mm。

4）沿芯样试件高度的任一直径与平均直径相差超过 1.5mm。

5）芯样有较大缺陷。

3.6　芯样试件试验

芯样试件抗压试验的操作应按照《混凝土物理力学性能试验方法标准》GB/T 50081—2019 中对立方体试件抗压试验的规定进行试验。

芯样试件混凝土抗压强度值按式（2.2.22）计算：

$$f_{cu,cor} = \beta_c F_c / A_c \qquad (2.2.22)$$

式中　$f_{cu,cor}$——芯样试件抗压强度值（MPa），精确至 0.1MPa；

　　　F_c——芯样试件抗压试验的破坏荷载（N）；

　　　A_c——芯样试件抗压截面面积（mm^2）；

　　　β_c——芯样试件强度换算系数，取 1.0。

3.7　混凝土抗压强度值推定

钻芯法可用于确定检测批或单个构件的混凝土抗压强度推定值，也可用于钻芯修正方法修正间接强度检测方法得到的混凝土抗压强度换算值。

（1）钻芯确定单个构件的混凝土抗压强度推定值

钻芯法确定单个构件混凝土抗压强度推定值时，芯样试件的数量不应少于 3 个；钻芯对构件工作性能影响较大的小尺寸构件，芯样试件的数量不得少于 2 个。

单个构件的混凝土抗压强度推定值不进行数据的舍弃，按芯样试件混凝土抗压强度值中的最小值确定。

（2）钻芯确定检验批的混凝土抗压强度推定值

>> 2-2-6

钻芯检测混凝土强度结果评定

1）取样要求

① 芯样试件的数量应根据检测批的容量确定。直径 100mm 的芯样试件的最小样本量不宜小于 15 个，小直径芯样试件的最小样本量不宜小于 20 个。

② 芯样应从检测批的结构构件中随机抽取，每个芯样宜取自一个构件或结构的局部部位。

2）强度推定区间计算

检测批的混凝土抗压强度推定值应计算推定区间，推定区间的上限值和下限值应按式（2.2.23）～式（2.2.26）计算：

$$f_{cu,e1} = f_{cu,cor,m} - k_1 s_{cu} \qquad (2.2.23)$$

$$f_{cu,e2} = f_{cu,cor,m} - k_2 s_{cu} \qquad (2.2.24)$$

$$f_{cu,cor,m} = \frac{\sum_{i=1}^{n} f_{cu,cor,i}}{n} \qquad (2.2.25)$$

$$s_{cu} = \sqrt{\frac{\sum_{i=1}^{n} (f_{cu,cor,i} - f_{cu,cor,m})^2}{n-1}} \qquad (2.2.26)$$

式中　$f_{cu,cor,m}$——芯样试件抗压强度平均值（MPa），精确至 0.1MPa；

　　　$f_{cu,cor,i}$——单个芯样试件抗压强度值（MPa），精确至 0.1MPa；

　　　$f_{cu,e1}$——混凝土抗压强度推定上限值（MPa），精确至 0.1MPa；

　　　$f_{cu,e2}$——混凝土抗压强度推定下限值（MPa），精确至 0.1MPa；

　　　k_1，k_2——推定区间上限值系数和下限值系数，按《钻芯法检测混凝土强度技术规程》JGJ/T 384—2016 附录 A 查得；

　　　s_{cu}——芯样试件抗压强度样本的标准差（MPa），精确至 0.01MPa。

小提示：

1）$f_{cu,e1}$ 和 $f_{cu,e2}$ 所构成推定区间的置信度宜为 0.90；当采用小直径芯样试件时，推定区间的置信度可为 0.85。

2）$f_{cu,e1}$ 与 $f_{cu,e2}$ 之间的差值不宜大于 5.0MPa 和 $0.10 f_{cu,cor,m}$ 两者的较大值。$f_{cu,e1}$ 与 $f_{cu,e2}$ 之间的差值大于 5.0MPa 和 $0.10 f_{cu,cor,m}$ 两者的较大值时，可适当增加样本容量，或重新划分检测批，直至满足要求为止；当不能满足要求时，不宜进行批量推定。

工程检测结果是对工程质量进行评定和验收的主要依据，确保检测数据的科学、准确、真实。

3）检验批混凝土强度值推定

宜以 $f_{cu,e1}$ 作为检测批混凝土强度的推定值。

（3）钻芯修正方法

1）修正量的方法

对间接测强方法进行钻芯修正时，宜采用修正量的方法。修正量的方法只对间接方法测得的混凝土强度的平均值进行修正，并不修正标准差。

2）钻芯修正方法取样要求

当采用修正量的方法时，芯样试件的数量和取芯位置应符合下列规定：

① 直径 100mm 芯样试件的数量不应少于 6 个，小直径芯样试件的数量不应少于 9 个。

② 当采用的间接检测方法为无损检测方法时，钻芯位置应与间接检测方法相应的测区重合。

③ 当采用的间接检测方法对结构构件有损伤时，钻芯位置应布置在相应测区的附近。

3）钻芯修正后的换算强度按式（2.2.27）、式（2.2.28）计算：

$$f^c_{cu,i0} = f^c_{cu,i} - \Delta f \tag{2.2.27}$$

$$\Delta f = f_{cu,cor,m} - f^c_{cu,mj} \tag{2.2.28}$$

式中　Δf——修正量（MPa），精确至 0.1MPa；

　　　$f^c_{cu,i0}$——修正后的换算强度（MPa），精确至 0.1MPa；

　　　$f^c_{cu,i}$——修正前的换算强度（MPa），精确至 0.1MPa；

　　　$f_{cu,cor,m}$——芯样试件抗压强度平均值（MPa），精确至 0.1MPa；

　　　$f^c_{cu,mj}$——所用间接检测方法对应芯样测区的换算强度的算术平均值（MPa），精确至 0.1MPa。

▶▶任务实施

依据任务书要求，以小组为单位，分别采用回弹法、超声回弹综合法和钻芯法完成混凝土构件强度的检测。

>>2-2-7

任务分配表

反思：

根据阅读材料，谈谈如何守住工程质量底线。

某重大工程项目，在建成使用前突然曝出一个令人震惊的消息：有人举报该项目混凝土质量检测存在问题，某检测公司存在为套取检测费而检测造假篡改数据的情况。有关主管部门高度重视，经调查发现检测报告造假情况属实。最终，造假的三名检测人员根据情节轻重分别判处一年至二十年不等有期徒刑。虽然二次检测结果检测造假部分的混凝土质量合格，但是二次检测费用及工程延期使用造成的经济损失等仍给国家造成了巨大的影响。

回弹法、超声回弹综合法和钻芯法检测流程中所需的表格见表 2.2.1～表 2.2.3。

回弹法检测混凝土抗压强度原始记录表　　表 2.2.1

工程名称								委托单位										
仪器编号					仪器型号							率定值						
混凝土浇筑日期				混凝土类型				回弹测试面				回弹测试角度						
强度等级				检测原因							环境温度(℃)							
检测			记录				校核				检测日期							

测区	回弹值																碳化深度	备注(批量)
	1	2	3	4	5	6	7	8	9	10	11	12	13	14	15	16		
构件名称位置																		
1																		
2																		
3																		
4																		
5																		
6																		
7																		
8																		
9																		
10																		
构件名称位置																		
1																		
2																		
3																		
4																		
5																		
6																		
7																		
8																		
9																		
10																		

超声回弹综合法检测混凝土强度原始记录表　　　　表 2.2.2

工程名称		委托单位	
仪器编号	仪器型号	率定值	
混凝土浇筑日期	混凝土类型	回弹测试面	回弹测试角度
强度等级	检测原因	环境温度（℃）	
检测	记录	校核	检测日期

测区	回弹值																测距/声时			备注
	1	2	3	4	5	6	7	8	9	10	11	12	13	14	15	16	1	2	3	
构件名称位置														超声测试方式						
1																				
2																				
3																				
4																				
5																				
6																				
7																				
8																				
9																				
10																				
构件名称位置														超声测试方式						
1																				
2																				
3																				
4																				
5																				
6																				
7																				
8																				
9																				
10																				

表 2.2.3

钻芯法检测混凝土抗压强度原始记录表

工程名称										取样日期	年	月	日
检测依据										检测日期	年	月	日
仪器设备编号										环境温度（℃）			
层数及构件位置	混凝土强度等级	芯样编号	芯样状态描述（是否有钢筋、掉角等缺陷）	直径(mm)			高度(mm)	高径比	不垂直度（°）	不平整度(mm)	极限压力(kN)	强度值(MPa)	强度推定值(MPa)	强度推定值达到设计强度（%）
				1	2	平均值								

检测：　　　　　　　　　　　　　　　　　　　　　　　　　　　　　　　校核：

≫ 评价反馈

填写工作任务考核评价表。

≫2-2-8

考核评价表

＜　**学习情境 2.3　混凝土构件中钢筋检测**　＞

▶▶ 学习目标

通过学习情境的学习，会查阅相关规范，掌握钢筋数量和间距、混凝土保护层厚度、钢筋公称直径以及钢筋锈蚀性状检测的方法及要求，能独立使用相关仪器设备完成混凝土结构中与钢筋相关的各项检测。

▶▶ 学习任务

某检测机构受建设单位委托，对某项目住宅楼主体结构进行混凝土构件中钢筋检测。接受委托后，查阅相关规范获取钢筋检测的有效信息，并按照规范要求完成钢筋数量和间距检测、混凝土保护层厚度检测、钢筋公称直径检测以及钢筋锈蚀性状检测，规范填写检测原始记录表。任务完成后，按照现场管理规范清理场地、归还仪器设备、资料归档，并按照环保规定处置废弃物。

▶▶ 知识获取

钢筋是混凝土构件中主要受力材料之一，在构件截面尺寸、混凝土强度一定的情况下，混凝土构件的承载能力由钢筋强度、配筋量、截面有效高度等因素控制。

混凝土构件中的钢筋检测可分为钢筋数量和间距、混凝土保护层厚度、钢筋公称直径、钢筋锈蚀性状、钢筋力学性能等检测项目。

检测尖兵

赵国银扎根检测一线 16 年，从基层试验员成长为高级技师，凭借精湛技能获国务院政府特殊津贴。他参与国家重点工程，攻克高原试验室建设、高铁混凝土技术等难题，创新检测方法，为企业降本 700 余万元。以匠心铸就工程质量的坚实屏障，诠释了精益求精、开拓创新的工匠精神。

1. 钢筋数量和间距检测

1.1　检测原理

在混凝土构件表面向内部发射电磁波，形成电磁场，混凝土内部的钢筋切割磁感线产生感应电磁场，由于感应电磁场的强度及空间梯度变化与钢筋位置、直径、保护层厚度有关，通过测量感应电磁场的梯度变化，并通过分析处理，就能确定钢筋位置、保护层厚度等信息，从而计算出钢筋数量及间距。

1.2 检测依据

（1）《混凝土结构现场检测技术标准》GB/T 50784—2013。

（2）《混凝土中钢筋检测技术标准》JGJ/T 152—2019。

1.3 检测仪器

钢筋数量和间距检测所用仪器为钢筋探测仪，其可用于检测混凝土构件中混凝土保护层厚度、钢筋的间距和数量。

（1）检测精度

当混凝土保护层厚度为 10～50mm 时，钢筋间距的检测允许偏差应为±2mm。

》2-3-1

混凝土结构中
钢筋检测技术要求

（2）仪器校准

仪器的校准有效期可为 1 年，发生下列情况之一时，应对仪器进行校准：

1）新仪器启用前。

2）检测数据异常，无法进行调整。

3）经过维修或更换主要零配件。

1.4 检测方法

（1）检测准备

1）根据结构设计资料了解钢筋的直径和间距。

2）根据检测目的确定检测部位，检测部位应避开钢筋接头、绑丝及金属预埋件。检测部位的钢筋间距应符合电磁感应法钢筋探测仪的检测要求。

》2-3-2

混凝土结构中
钢筋检测操作步骤

3）根据所检钢筋的布置状况，确定垂直于所检钢筋轴线方向为探测方向，检测部位应平整光洁。

4）应对仪器进行预热和调零。调零时探头应远离金属物体。

（2）剔凿验证

当遇到下列情况之一时，应采取剔凿验证的措施：

1）相邻钢筋过密，钢筋间最小净距小于钢筋保护层厚度。

2）混凝土（包括饰面层）含有或存在可能造成误判的金属组分或金属件。

3）钢筋数量或间距的测试结果与设计要求有较大偏差。

4）缺少相关验收资料。

（3）仪器操作

1）仪器连接。

2）开机和预设：仪器开机，进入选项菜单，根据实际情况进行参数设置。

3）仪器预热。

4）调零：拿起探头放在空气中，离开混凝土构件表面和金属物至少 30cm，将仪器进行清理设置。

5）钢筋位置测定：将探头平行于钢筋，放在测区起始位置混凝土表面，沿混凝土表面垂直钢筋方向移动探头，移动过程中，信号值增长，同时保护层厚度值减小，说明探头正向钢筋位置移动，当钢筋轴线与探头中心线重合时，信号值最大，保护层厚度最小，此时将钢筋的轴线位置标记出来。

6）钢筋数量及间距测定：将测区内所有钢筋轴线位置标记出来后，所标记的钢筋轴线总数即为钢筋数量。再一次量测出已经标记的相邻钢筋的间距即为钢筋间距。

（4）检测要求

1）检测梁、柱类构件主筋数量和间距时应符合下列规定：

① 测试部位应避开其他金属材料和较强的铁磁性材料，且表面清洁、平整。

② 应将构件测试面一侧所有主筋逐一检出，并在构件表面标注出每个检出钢筋的相应位置。

③ 应测量和记录每个检出钢筋的相对位置。

2）检测墙、板类构件钢筋数量和间距时应符合下列规定：

① 在构件上随机选择测试部位，测试部位应避开其他金属材料和较强的铁磁性材料，且表面清洁、平整。

② 在每个测试部位连续检出 7 根钢筋，少于 7 根钢筋时应全部检出，并在构件表面标注出每个检出钢筋的相应位置。

③ 应测量和记录每个检出钢筋的相对位置。

④ 可根据第一根钢筋和最后一根钢筋的位置，确定这两根钢筋的距离，计算出钢筋的平均间距。

⑤ 必要时应计算钢筋的数量。

3）梁、柱类构件的箍筋按墙、板类构件钢筋要求进行检测，当存在箍筋加密区时，宜将加密区内箍筋全部测出。

4）批量检测钢筋数量和间距时应符合下列规定：

① 将设计文件中钢筋配置要求相同的构件作为一个检验批。

② 按《混凝土结构现场检测技术标准》GB/T 50784—2013 表 3.4.4 的规定确定抽检构件的数量。

③ 随机选取受检构件。

④ 按 1）或 2）条的方法对单个构件进行检测。

1.5　检测结果评定

（1）单个构件

单个构件的符合性判定应符合下列规定：

1）梁、柱类构件主筋实测根数少于设计根数时，该构件配筋应判定为不符合设计要求。

2）梁、柱类构件主筋的平均间距与设计要求的偏差大于相关标准规定的允许偏差时，该构件配筋应判定为不符合设计要求。

3）墙、板类构件钢筋的平均间距与设计要求的偏差大于相关标准

>> 2-3-3

混凝土结构中
钢筋检测结果评定

规定的允许偏差时，该构件配筋应判定为不符合设计要求。

4）梁、柱类构件的箍筋可按墙、板类构件钢筋进行判定。

（2）检验批

对检验批符合性判定应符合下列规定：

1）按（1）条对受检构件逐一进行符合性判定。

2）根据检验批中受检构件的数量和其中不符合构件的数量按《混凝土结构现场检测技术标准》GB/T 50784—2013 表 3.4.5-1 进行检验批符合性判定。

3）对于梁、柱类构件，检验批中一个构件的主筋实测根数少于设计根数，该批应直接判定为不符合设计要求。

4）对于墙、板类构件，当出现受检构件的钢筋间距偏差大于偏差允许值 1.5 倍时，该批应直接判定为不符合设计要求。

5）对于判定为符合设计要求的检验批，可建议采用设计的钢筋数量和间距进行结构性能评定；对于判定为不符合设计要求的检验批，宜细分检验批后重新检测或进行全数检测。当不能进行重新检测或全数检测时，可建议采用最不利检测值进行结构性能评定。

（3）直接法验证

当采用直接法验证时，应选取不少于 30％且不少于 7 根的已测钢筋；当实际检测数量小于 7 根时应全部抽取。

遇到下列情况之一时，应采用直接法进行验证：

1）认为相邻钢筋对检测结果有影响。

2）钢筋公称直径未知或有异议。

3）钢筋实际根数、位置与设计有较大偏差。

4）钢筋以及混凝土材质与校准试件有显著差异。

备忘录：

2. 混凝土保护层厚度检测

2.1 检测原理

在混凝土构件表面向内部发射电磁波，形成电磁场，混凝土内部的钢筋切割磁感线产生感应电磁场，由于感应电磁场的强度及空间梯度变化与钢筋位置、直径、保护层厚度有关，通过测量感应电磁场的梯度变化，并通过分析处理，就能确定保护层厚度等信息。

2.2　检测依据

（1）《混凝土结构现场检测技术标准》GB/T 50784—2013。
（2）《混凝土中钢筋检测技术标准》JGJ/T 152—2019。

2.3　检测仪器

混凝土保护层厚度宜采用钢筋探测仪进行检测并应通过剔凿原位检测法进行验证。

2.4　检测方法

混凝土保护层
厚度检测步骤

（1）检测准备

1）根据设计资料了解钢筋的直径和间距。

2）根据检测目的确定检测部位。检测部位应避开钢筋接头、绑丝及金属预埋件；检测部位的钢筋间距应符合电磁感应法钢筋探测仪的检测要求。

3）根据所检钢筋的布置状况，确定垂直于所检钢筋轴线方向为探测方向，检测部位应平整光洁。

4）应对仪器进行预热和调零。调零时探头应远离金属物体。

（2）检测步骤

1）预扫描。检测前应进行预扫描，钢筋探测仪的探头在检测面上沿探测方向移动，直到仪器保护层厚度示值最小，此时探头中心线与钢筋轴线应重合，在相应位置做好标记，并初步了解钢筋埋设深度。重复上述步骤将相邻的其他钢筋位置逐一标出。

2）根据预扫描结果设定仪器量程范围，根据原位实测结果或设计资料设定仪器的钢筋直径参数。沿被测钢筋轴线选择相邻钢筋影响较小的位置，在预扫描的基础上进行扫描探测，确定钢筋的准确位置，将探头放在与钢筋轴线重合的检测面上读取保护层厚度检测值。

3）应对同一根钢筋同一处检测2次，读取的2个保护层厚度值相差不大于1mm时，取两次检测数据的平均值为保护层厚度值，精确至1mm；相差大于1mm时，该次检测数据无效，并应查明原因，在该处重新进行2次检测；仍不符合规定时，应该更换钢筋探测仪进行检测或采用直接法进行检测。

4）当实际保护层厚度值小于仪器最小示值时，应采用在探头下附加垫块的方法进行检测。垫块对仪器检测结果不应产生干扰，表面应光滑平整，其各方向厚度值偏差不应大于0.1mm。垫块应与探头紧密接触，不得有间隙。所加垫块厚度在计算保护层厚度时应予扣除。

（3）剔凿原位检测

1）剔凿原位检测混凝土保护层厚度应符合下列规定：

① 采用钢筋探测仪确定钢筋的位置。

② 在钢筋位置上垂直于混凝土表面成孔。

③ 以钢筋表面至构件混凝土表面的垂直距离作为该测点的保护层厚度测试值。

2）采用剔凿原位检测法进行验证时，应符合下列规定：

① 应采用钢筋探测仪检测混凝土保护层厚度。

② 在已测定保护层厚度的钢筋上进行剔凿验证，验证点数不应少于《混凝土结构现场检测技术标准》GB/T 50784—2013 表 3.4.4 中 B 类且不应少于 3 点；构件上能直接量测混凝土保护层厚度的点可计为验证点。

③ 应将剔凿原位检测结果与对应位置钢筋探测仪检测结果进行比较，当两者的差异不超过 ±2mm 时，判定两个测试结果无明显差异。

④ 当检验批有明显差异校准点数在《混凝土结构现场检测技术标准》GB/T 50784—2013 表 3.4.5-2 控制的范围之内时，可直接采用钢筋探测仪检测结果。

⑤ 当检验批有明显差异校准点数超过《混凝土结构现场检测技术标准》GB/T 50784—2013 表 3.4.5-2 控制的范围时，应对钢筋探测仪量测的保护层厚度进行修正；当不能修正时，应采取剔凿原位检测的措施。

（4）抽样原则

结构实体钢筋保护层厚度检验构件的选取应均匀分布，并应符合下列规定：

1）对非悬挑梁板类构件，应各抽取构件数量的 2% 且不少于 5 个构件进行检验。

2）对悬挑梁，应抽取构件数量的 5% 且不少于 10 个构件进行检验；当悬挑梁数量少于 10 个时，应全数检验。

3）对悬挑板，应抽取构件数量的 10% 且不少于 20 个构件进行检验；当悬挑板数量少于 20 个时，应全数检验。

（5）测点要求

对选定的梁类构件，应对全部纵向受力钢筋的保护层厚度进行检验；对选定的板类构件，应抽取不少于 6 根纵向受力钢筋的保护层厚度进行检验。

2.5 检测结果评定

>> 2-3-5

混凝土保护层
厚度检测结果处理

（1）单个混凝土保护层厚度

钢筋保护层厚度检验时，纵向受力钢筋保护层厚度的允许偏差应符合表 2.3.1 的规定。

结构实体纵向受力钢筋保护层厚度的允许偏差 　　　　　　　表 2.3.1

构件类型	允许偏差（mm）
梁、柱	+10，−7
板、墙	+8，−5

（2）检验批混凝土保护层厚度

柱、梁、板、墙等各类构件纵向受力钢筋的保护层厚度应分别进行判定，并应符合下列规定：

1）当全部钢筋保护层厚度检验的合格率为 90% 及以上时，可判定为合格。

2）当全部钢筋保护层厚度检验的合格率小于 90% 但不小于 80% 时，可再抽取相同数量的构件进行检验；当按两次抽样总和计算的合格率为 90% 及以上时，仍可判定为合格。

3）每次抽样检验结果中不合格点的最大偏差均不应大于表 2.3.1 规定允许偏差的 1.5 倍。

备忘录：

3. 钢筋公称直径检测

混凝土中钢筋公称直径宜采用原位实测法检测；当需要取得钢筋截面积精确值时，应采取取样称量法进行检测或采取取样称量法对原位实测法进行验证。当验证表明检测精度满足要求时，可采用钢筋探测仪检测钢筋直径。

3.1　检测依据

(1)《混凝土结构现场检测技术标准》GB/T 50784—2013。
(2)《混凝土中钢筋检测技术标准》JGJ/T 152—2019。

3.2　检测方法

(1) 原位实测法
原位实测法检测混凝土中钢筋直径应符合下列规定：
1) 采用钢筋探测仪确定待检钢筋位置，剔除混凝土保护层，露出钢筋。
2) 用游标卡尺测量钢筋直径，测量精确到 0.1mm。
3) 同一部位应重复测量 3 次，将 3 次测量结果的平均值作为该测点钢筋直径检测值。
(2) 取样称量法
取样称量法检测钢筋公称直径应符合下列规定：
1) 确定待检测的钢筋位置，沿钢筋走向凿开混凝土保护层，截除长度不小于 300mm 的钢筋试件。
2) 清理钢筋表面的混凝土，用 12% 盐酸溶液进行酸洗，经清水漂净后，用石灰水中和，再以清水冲洗干净；擦干后在干燥器中至少存放 4h，用天平称重。
3) 钢筋实际直径按式（2.3.1）计算：

$$d = 12.74\sqrt{w/l} \qquad (2.3.1)$$

式中　d——钢筋实际直径，精确至 0.01mm；
　　　w——钢筋试件质量，精确至 0.01g；
　　　l——钢筋试件长度，精确至 0.1mm。

(3) 检验批钢筋直径检测
检验批钢筋直径检测应符合下列规定：
1) 检验批应按钢筋进场批次划分。当不能确定钢筋进场批次时，宜将同一楼层或同一施工段中相同规格的钢筋作为一个检验批。
2) 应随机抽取 5 个构件，每个构件抽检 1 根。
3) 应采用原位实测法进行检测。
4) 应将各受检钢筋直径检测值与相应钢筋产品标准进行比较，确定该受检钢筋直径是否符合要求。

5）当检验批受检钢筋直径均符合要求时，应判定该检验批钢筋直径符合要求；当检验批存在 1 根或 1 根以上受检钢筋直径不符合要求时，应判定该检验批钢筋直径不符合要求。

6）对于判定为符合要求的检验批，可建议采用设计的钢筋直径参数进行结构性能评定；对于判定为不符合要求的检验批，宜补充检测或重新划分检验批进行检测；当不具备补充检测或重新检测条件时，应以最小检测值作为该批钢筋直径检测值。

思考：）

混凝土结构中原位检测法检测钢筋直径的优缺点有哪些？

4. 钢筋锈蚀性状检测

钢筋的锈蚀是指钢筋接触到周围的气体或液体后发生的化学反应而使金属（或合金）腐蚀损耗的过程。

钢筋锈蚀会使钢筋截面削弱，截面承载力降低。另外，钢筋锈蚀使钢筋与混凝土的界面上生成疏松的锈蚀层，锈蚀产物的体积膨胀，破坏了钢筋表面与水泥胶体之间的化学胶着力，影响了混凝土与钢筋的共同作用，导致混凝土保护层开裂甚至剥落，沿钢筋长度方向出现纵向裂缝，降低外围混凝土对钢筋的约束，削弱甚至破坏钢筋与混凝土的粘结锚固作用，降低钢筋混凝土构件或结构的承载力或适用性，直接影响结构的安全性和耐久性。

4.1 检测原理

混凝土中钢筋锈蚀状况可采用原位检测、取样检测等直接法进行检测，也可采用半电池电位法等间接法进行检测。半电池电位法是利用混凝土中钢筋锈蚀的电化学反应引起的电位变化来测定钢筋锈蚀状态，通过测定钢筋-混凝土半电池电极与混凝土表面的铜-硫酸铜参考电极之间电位差的大小来评定混凝土中钢筋的锈蚀化程度。

4.2 检测依据

（1）《混凝土结构现场检测技术标准》GB/T 50784—2013。
（2）《混凝土中钢筋检测技术标准》JGJ/T 152—2019。

4.3 检测仪器

（1）半电池电位法钢筋锈蚀检测仪
1）半电池电位法钢筋锈蚀检测仪应由铜-硫酸铜半电池、电压计和导线构成。
2）饱和硫酸铜溶液应采用分析纯硫酸铜试剂晶体溶解于蒸馏水中制备。应使透明刚性管的底部积有少量未溶解的硫酸铜结晶体，溶液应清澈且饱和。
3）半电池的电连接垫应预先浸湿，多孔塞和混凝土构件表面应形成电通路。

4）电压计应具有采集、显示和存储数据的功能，满量程不宜小于 1000mV。在满量程范围内的测试允许误差应为±3%。

（2）钢筋探测仪

4.4　检测方法

（1）直接法

1）原位检测

原位检测可采用游标卡尺直接量测钢筋的剩余直径、蚀坑深度、长度及锈蚀物的厚度，推算钢筋的截面损失率。

2）取样检测

取样检测可通过截取钢筋，用本学习情境第 3 节钢筋公称直径检测中取样称重法检测剩余直径并计算钢筋的截面损失率。

3）钢筋截面损失率

钢筋的截面损失率应按式（2.3.2）进行计算：

$$l_{s,a} = (d/d_s)^2 \times 100\% \tag{2.3.2}$$

式中　d——钢筋直径实测值，精确至 0.1mm；

　　　d_s——钢筋公称直径；

　　　$l_{s,a}$——钢筋的截面损失率，精确至 0.1%。

小提示：)))) -- ▶

当钢筋的截面损失率大于 5%，应进行锈蚀钢筋的力学性能检测。

（2）半电池电位法

1）测区布置

① 在混凝土结构及构件上可布置若干测区，测区面积不宜大于 5m×5m，并按确定的位置进行编号。每个测区应采用行、列布置测点，依据被测结构及构件的尺寸，宜用 100mm×100mm～500mm×500mm 划分网格，网格的节点应为电位测点。每个结构或构件的半电池电位法测点数不应少于 30 个。

② 当测区混凝土有绝缘涂层介质隔离时，应清除绝缘涂层介质。测点处混凝土表面应平整、清洁；不平整、不清洁的应采用砂轮或钢丝刷打磨，并将粉尘等杂物清除。

2）导线与钢筋连接

导线与钢筋的连接应按下列步骤进行：

① 采用电磁感应法钢筋探测仪检测钢筋的分布情况，并在适当位置剔凿出钢筋。

② 导线一端应接于电压仪的负输入端，另一端接于混凝土中的钢筋上。

③ 连接处的钢筋表面应除锈或清除污物，以保证导线与钢筋有效连接。

④ 测区内的钢筋必须与连接点的钢筋形成电通路。

3）导线与铜-硫酸铜半电池连接

导线与铜-硫酸铜半电池的连接应按下列步骤进行：

① 连接前应检查各种接口，接口接触应良好。

② 导线一端应连接到铜-硫酸铜半电池接线插座上，另一端应连接到电压仪的正输入端。

4）准备工作

① 测区混凝土应预先充分浸湿。可在饮用水中加入 2% 液态洗涤剂配制成导电溶液，在测区混凝土表面喷洒，半电池的电连接垫与混凝土表面测点应有良好的耦合。

② 在同一测点，用同一只铜-硫酸铜半电池重复 2 次测得该点的电位差值，其值应小于 10mV。

③ 在同一测点，用两只不同的铜-硫酸铜半电池重复 2 次测得该点的电位差值，其值应小于 20mV。

5）检测步骤

① 测量并记录环境温度。

② 应按测区编号，将铜-硫酸铜半电池依次放在各电位测点上，检测并记录各测点的电位值。

③ 检测时，应及时清除电连接垫表面的吸附物，铜-硫酸铜半电池多孔塞与混凝土表面应形成电通路。

④ 在水平方向和垂直方向上检测时，应保证铜-硫酸铜半电池刚性管中的饱和硫酸铜溶液同时与多孔塞和铜棒保持完全接触。

⑤ 检测时应避免外界各种因素产生的电流影响。

小提示：

当检测环境温度在 (22 ± 5)℃ 之外时，应按下列公式对测点的电位值进行温度修正：

$$当 T \geqslant 27℃：V = k \times (T - 27.0) + V_R$$
$$当 T \leqslant 17℃：V = k \times (T - 17.0) + V_R$$

式中　V——温度修正后电位值（mV），精确至 1mV；

　　　V_R——温度修正前电位值（mV），精确至 1mV；

　　　T——检测环境温度（℃），精确至 1℃；

　　　k——系数（mV/℃）。

6）检测结果评判

① 半电池电位检测结果可采用电位等值线图表示被测结构及构件中钢筋的锈蚀性状。宜按合适比例在结构及构件图上标出各测点的半电池电位值，可通过数值相等的各点或内插等值的各点绘出电位等值线。电位等值线的最大间隔宜为 100mV。电位等值线图示意图如图 2.3.1 所示。

② 当采用半电池电位值评估钢筋锈蚀性状时，应根据表 2.3.2 进行钢筋锈蚀性状判断。

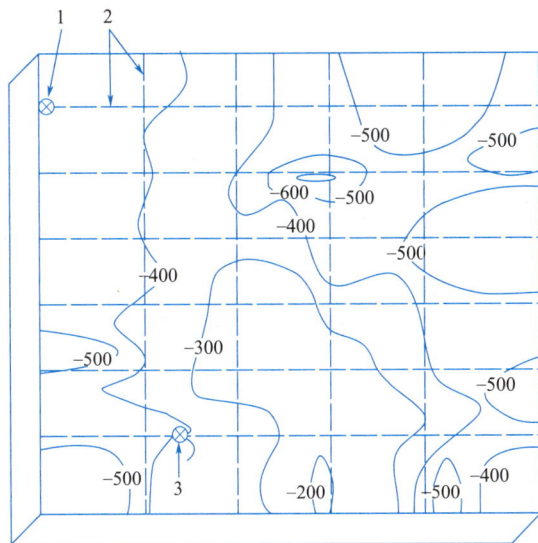

图 2.3.1　电位等值线图示意图

1-半电池电位法钢筋锈蚀检测仪与钢筋连接点；

2-钢筋；3-铜-硫酸铜半电池

半电池电位值评价钢筋锈蚀性状的判据　　　　　　　　表 2.3.2

电位水平（mV）	钢筋锈蚀性状
>−200	不发生锈蚀的概率>90%
−350～−200	锈蚀性状不确定
<−350	发生锈蚀的概率>90%

备忘录：

≫任务实施

　　根据任务书要求，以小组为单位制定工作计划书，熟练完成钢筋数量和间距检测、混凝土保护层厚度检测、钢筋公称直径检测以及钢筋锈蚀性状检测，规范填写检测原始记录表。检测流程中所需表格见表 2.3.3～表 2.3.6。

≫2-3-6

任务分配表

小贴士:))))) --▷

　　在钢筋混凝土结构中,钢筋和混凝土协同工作共同承担外部荷载,钢筋的数量和质量对混凝土结构强度起到至关重要的作用。钢筋偷工减料是结构安全的重大隐患,也是诸多工程安全事故发生的直接原因。

钢筋直径检测原始记录表　　　　　　　　　表 2.3.3

工程名称			委托单位			
检测依据			检测日期			
仪器编号			仪器名称型号			

序号	检测部位	设计配筋直径(mm)	检测结果(mm)				备注
			第1次	第2次	第3次	平均值	

检测:　　　　　　　　　　　　　　　　　复核:

表 2.3.4

钢筋混凝土保护层厚度和间距原始记录表

工程名称										
检测依据	《混凝土中钢筋检测技术标准》JGJ/T 152—2019			委托单位			检测日期			
仪器名称型号		编号			垫块厚度 C_0（mm）					

序号	构件名称	检测部位及钢筋类别	公称直径（mm）	设计值（mm）	保护层厚度检测值（mm）				钢筋间距（mm）			备注
					第 1 次检测值 C_{11}	第 2 次检测值 C_{21}	平均值	直接法验证值	非加密区	加密区		
										位置：	位置：	
备注												

检测：　　　　　　　　　　　　复核：

表 2.3.5

检测钢筋锈蚀状况半电池电位法检测原始记录表

工程名称		工程部位/用途		
样品信息				
试验检测日期		试验条件		
检测依据		判定依据		
主要仪器设备名称及编号				
检测环境温度			电极电位差	

编号	结构名称	检测部位	系数	测点电位值（mV）							
				点号							
				检测值							
				温度修正后值							
				点号							
				检测值							
				温度修正后值							

备注：

检测：　　　　　　记录：　　　　　　复核：　　　　　　日期：　　　年　　月　　日

钢筋锈蚀性状原位实测法检测原始记录表　　　　表 2.3.6

工程名称			委托单位		
检测依据			检测日期		
仪器编号			仪器名称型号		

序号	检测部位	钢筋公称直径（mm）	剩余钢筋直径(mm)				截面损失率（%）
			第1次	第2次	第3次	平均值	

检测：　　　　　　　　　　　　　　复核：

>> 评价反馈

填写工作任务考核评价表。

>>2-3-7

考核评价表

‹ 学习情境 2.4　混凝土构件内部缺陷检测 ›

» 学习目标

通过学习情境的学习，会查阅相关规范，掌握超声法检测混凝土内部缺陷的基本原理，掌握声学参数测量方法及要求，掌握裂缝深度检测、不密实区和空洞检测、混凝土结合面质量检测、表面损伤层检测的方法及要求，能独立使用相关仪器设备完成混凝土构件内部缺陷检测。

» 学习任务

某混凝土结构住宅楼主体结构施工完成，为了解工程施工质量，某检测机构受建设单位委托，对该住宅楼主体结构进行混凝土构件内部缺陷检测。接受委托后，查阅相关规范获取超声法检测混凝土内部缺陷的有效信息，并按照规范要求完成裂缝深度检测、不密实区和空洞检测、混凝土结合面质量检测、表面损伤层检测，规范填写检测原始记录表。任务完成后，按照现场管理规范清理场地、归还仪器设备、资料归档，并按照环保规定处置废弃物。

» 知识获取

混凝土构件内部缺陷检测系指对混凝土内部空洞和不密实区的位置和范围、裂缝深度、表面损伤层厚度、不同时间浇筑的混凝土结合面质量等进行检测。

检测尖兵

中建新疆安装工程有限公司资深无损检测工程师何东方，16 年如一日坚守工程质量防线，被誉为管道"问诊专家"。从城市地标到戈壁荒漠，他凭借精湛的超声、射线检测技术，为每道焊缝"摸脉问诊"，累计检测管线超 500km，发现并消除隐患 2000 余处，用执着与匠心铸就了无损检测行业的品质标杆。

1. 检测原理

混凝土构件内部缺陷检测采用超声法（又称超声脉冲法）。超声法是指采用带有波形显示功能的超声波检测仪，测量超声脉冲波在混凝土中的传播时间（简称声时）、传播速度（简称声速）、首波波幅（简称波幅）和接收信号主频率（简称主频）等声学参数，并根据这些参数及其相对变化，判定混凝土中缺陷情况的方法。

当混凝土的组成材料、工艺条件、内部质量及测试距离一定时，其声速、波幅、主频等声学参数一般无明显差异。如果某部分混凝土存在空洞、不密实或裂缝等缺陷，破坏了混凝土的整体性，则其与无缺陷混凝土相比较声时值偏大，声速、波幅和主频值降低。因此，当混凝土中存在缺陷时会出现超声波声速、波幅、主频均下降，声时增大，波形畸变等现象，超声波检测混凝土缺陷正是根据这一基本原理对同条件下的混凝土进行缺陷情况的判定。

2. 检测依据

（1）《混凝土结构现场检测技术标准》GB/T 50784—2013。
（2）《超声法检测混凝土缺陷技术规程》T/CECS 21—2024。

3. 检测仪器

（1）超声波检测仪
1）模拟式：接收信号为连续模拟量，可由时域波形信号测读声学参数。
2）数字式：接收信号转化为离散数字量，具有采集、存储数字信号、测量声学参数和对数字处理的智能化功能。超声波数字探伤仪如图 2.4.1 所示。

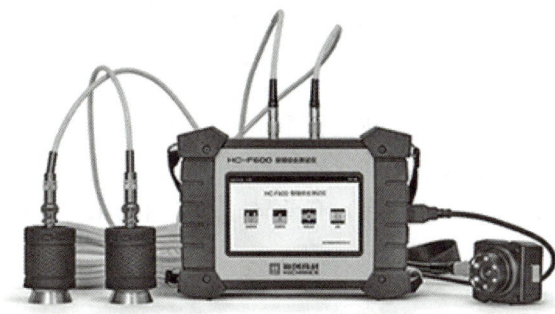

图 2.4.1　超声波数字探伤仪

（2）换能器
1）常用换能器有厚度振动方式和径向振动方式两种类型，可根据不同测试需要选用。
2）厚度振动式换能器的频率宜采用 20～250kHz；径向振动式换能器的频率宜采用 20～60kHz，直径不宜大于 32mm。当接收信号较弱时，宜选用带前置放大器的接收换能器。
3）换能器的实测主频与标称频率相差应不大于 ±10%。对用于水中的换能器，其水密性应在 1MPa 水压下不渗漏。

4. 声学参数测量

4.1　一般规定

用超声法检测混凝土构件内部缺陷时，声学参数的测量应符合下列规定：
（1）依据检测要求和测试操作条件，确定缺陷测试的部位（简称测位）。
（2）测试混凝土表面应清洁、平整，必要时可用砂轮磨平或用补偿收缩的高强水泥砂浆抹平。抹平砂浆必须与混凝土粘结良好。
（3）在满足首波幅度测读精度的条件下，应选用较高频率的换能器。

（4）换能器应通过耦合剂与混凝土测试表面保持紧密结合，耦合层不得夹杂泥砂或粉尘等杂质。

（5）检测时应避免超声传播路径与附近钢筋轴线平行。如无法避免，应使两个换能器连线与该钢筋的最短距离不小于超声测距的 1/6。

（6）应根据测距大小和混凝土外观质量，设置仪器发射电压、采样频率等参数。检测同一测位时，仪器参数宜保持不变。

（7）应读取并记录声时、波幅和主频值，必要时存取波形。

（8）检测中出现可疑数据时应及时查找原因，必要时进行复测校核或加密测点补测。

4.2　测量方法

（1）准备工作

检测之前根据测距大小和混凝土外观质量情况，将仪器的发射电压、采样频率等参数设置在某一档并保持不变。换能器与混凝土测试表面应始终保持良好的耦合状态。

（2）声学参数自动测读

停止采样后即可自动读取声时、波幅、主频值。当声时自动测读光标所对应的位置与首波前沿基线弯曲的起始点有差异或者波幅自动测读光标所对应的位置与首波峰顶（或谷底）有差异时，应重新采样或改为手动游标读数。

>> 2-4-1

混凝土结构内部
缺陷检测技术要求

（3）声学参数手动测读

先将仪器设置为手动判读状态，停止采样后调节手动声时游标至首波前沿基线弯曲的起始位置，同时调节幅度游标使其与首波峰顶（或谷底）相切，读取声时和波幅值；再将声时光标分别调至首波及其相邻波的波谷（或波峰），读取声时差值 Δt（μs），取 $1000/\Delta t$ 即为首波的主频（kHz）。

（4）波形记录

对于有分析价值的波形，应予以存储。

4.3　声时值计算

混凝土声时值应按式（2.4.1）计算：

$$t_{ci} = t_i - t_0 \text{ 或 } t_{ci} = t_i - t_{00} \tag{2.4.1}$$

式中　t_{ci}——第 i 点混凝土声时值（μs）；

　　　t_i——第 i 点测读声时值（μs）；

t_0、t_{00}——声时初读数（μs）。

4.4　超声传播距离（简称测距）测量

（1）当采用厚度振动式换能器对测时，宜用钢卷尺测量 T、R 换能器辐射面之间的距离。

（2）当采用厚度振动式换能器平测时，宜用钢卷尺测量 T、R 换能器内边缘之间的距离。

（3）当采用径向振动式换能器在钻孔或预埋管中检测时，宜用钢卷尺测量放置 T、R 换能器的钻孔或预埋管内边缘之间的距离。

（4）测距的测量误差应不大于 $\pm 1\%$。

备忘录：

5. 裂缝深度检测

5.1　单面平测法

当结构的裂缝部位只有一个可测表面，估计裂缝深度又不大于 500mm 时，可采用单面平测法。平测时应在裂缝的被测部位，以不同的测距，按跨缝和不跨缝布置测点（布置测点时应避开钢筋的影响）进行检测。

（1）声时测量

1）不跨缝声时测量

将 T 和 R 换能器置于裂缝附近同一侧，以两个换能器内边缘间距（l'）等于 100、150、200、250mm……分别读取声时值（t_i），绘制"时-距"坐标图（图 2.4.2）或用回归分析的方法求出声时与测距之间的回归直线方程，见式（2.4.2）：

$$l_i = a + bt_i \tag{2.4.2}$$

每测点超声波实际传播距离 l_i 按式（2.4.3）计算：

$$l_i = l' + |a| \tag{2.4.3}$$

式中　l_i——第 i 点超声波实际传播距离（mm）；

　　　l'——第 i 点的 R、T 换能器内边缘间距（mm）；

　　　a——"时-距"图中 l' 轴的截距或回归直线方程的常数项（mm）。

不跨缝平测的混凝土声速值按式（2.4.4）计算：

$$v = (l'_n - l'_1)/(t_n - t_1)$$
$$\text{或 } v = b(\text{km/s}) \tag{2.4.4}$$

式中　l'_n、l'_1——第 n 点和第 1 点的测距（mm）；

　　　t_n、t_1——第 n 点和第 1 点读取的声时值（μs）；

　　　b——回归系数。

2）跨缝声时测量

如图 2.4.3 所示，将 T、R 换能器分别置于以裂缝为对称的两侧，l' 取 100mm、150mm、200mm……分别读取声时值（t_i），同时观察首波相位的变化。

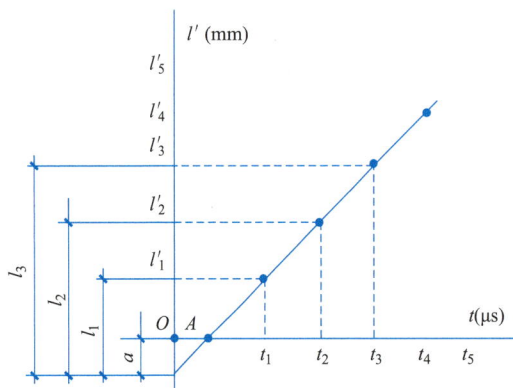

图 2.4.2　平测"时-距"图

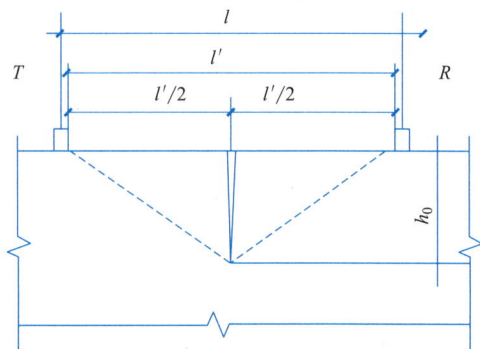

图 2.4.3　绕过裂缝示意图

（2）裂缝深度计算与确定

平测法检测，裂缝深度应按式（2.4.5）、式（2.4.6）计算：

$$h_{ci} = l_i/2 \cdot \sqrt{(t_i^0 v/l_i)^2 - 1} \tag{2.4.5}$$

$$m_{h_c} = 1/n \cdot \sum_{i=1}^{n} h_{ci} \tag{2.4.6}$$

式中　h_{ci}——第 i 点计算的裂缝深度值（mm）；

　　　l_i——不跨缝平测时第 i 点的超声波实际传播距离（mm）；

　　　t_i^0——第 i 点跨缝平测的声时值（μs）；

　　　m_{h_c}——各测点计算裂缝深度的平均值（mm）；

　　　n——测点数。

跨缝测量中，当在某测距发现首波反相时，可用该测距及两个相邻测距的测量值按式（2.4.5）计算 h_{ci} 值，取此三点 h_{ci} 的平均值作为该裂缝的深度值 h_c。

跨缝测量中如难于发现首波反相，则以不同测距按式（2.4.5）、式（2.4.6）计算 h_{ci} 及其平均值 m_{h_c}。将各测距 l_i' 与 m_{h_c} 相比较，凡测距 l_i' 小于 m_{h_c} 和大于 $3m_{h_c}$，应剔除该组数据，然后取余下 h_{ci} 的平均值，作为该裂缝的深度值 h_c。

5.2　双面穿透斜测法

当结构的裂缝部位具有两个相互平行的测试表面时，可采用双面穿透斜测法检测。斜测裂缝测点布置示意图如图 2.4.4 所示，将 T、R 换能器分别置于两测试表面对应测点 1、2、3……的位置，读取相应声时值 t_i、波幅值 A_i 及主频率 f_i。

当 T、R 换能器的连线通过裂缝时，由于裂缝破坏了混凝土的连续性，超声波在裂缝处产生很大衰减，穿过裂缝传播到接收换能器的首波信号很微弱，其波幅或主频与等测距的无缝混凝土比较，存在显著差异，据此可以判定裂缝深度以及是否在所处断面内贯通。

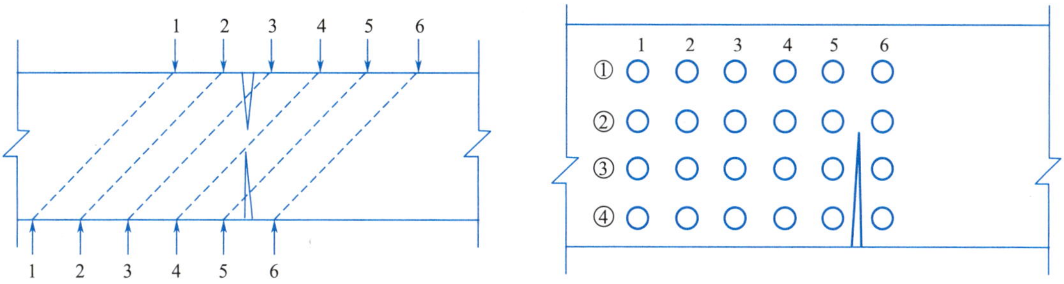

(a) 平面图　　　　　　　　　　　(b) 立面图

图 2.4.4　斜测裂缝测点布置示意图

思考:))) -->

是否所有的混凝土裂缝都将影响混凝土结构强度?

备忘录:

6. 不密实区和空洞检测

在浇筑混凝土时,振捣不够、漏浆或石子架空等造成的蜂窝状或因缺少水泥而形成的松散状以及遭受意外损伤产生的疏松状混凝土区域,会形成不密实区或空洞。因此,需对混凝土内部不密实区和空洞进行检测。

检测混凝土内部的不密实区或空洞采用穿透法,依据各测点的声时、声速、波幅和主频的相对变化,寻找异常测点的坐标位置,从而判定缺陷范围。检测不密实区和空洞时,构件的被测部位应具有一对（或两对）相互平行的测试面，同时测试范围除应大于有怀疑的区域外，还应有同条件的正常混凝土进行对比，且对比测点数不应少于 20 个。

6.1 测试方法

（1）布置换能器

1）当构件具有两对相互平行的测试面时，可采用对测法。如图 2.4.5 所示，在测试部位两对相互平行的测试面上，分别画出等间距的网格（网格间距：工业与民用建筑为 100～300mm，其他大型结构物可适当放宽），并编号确定对应的测点位置。

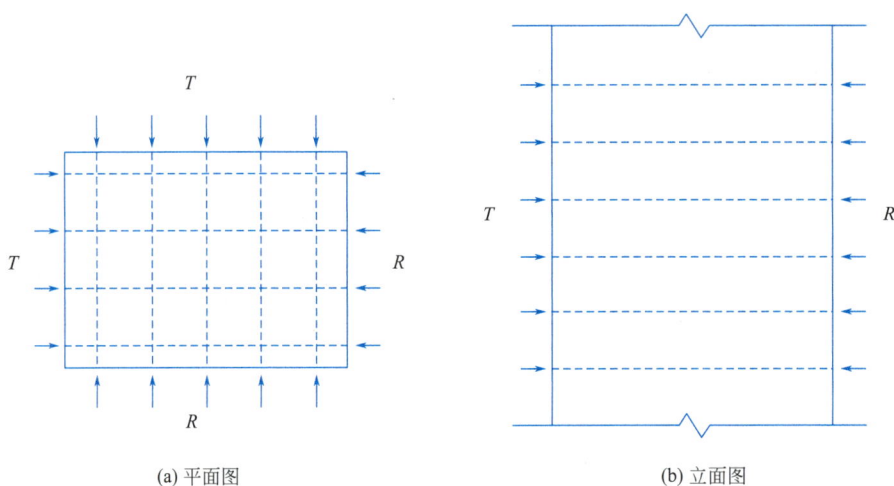

2-4-2
混凝土结构内部
缺陷检测步骤

(a) 平面图 (b) 立面图

图 2.4.5 对测法示意图

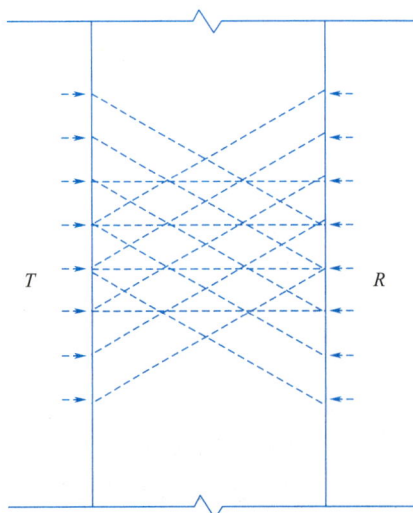

图 2.4.6 斜测法示意图

2）当构件只有一对相互平行的测试面时，可采用对测和斜测相结合的方法。如图 2.4.6 所示，在测位两个相互平行的测试面上分别画出网格线，可在对测的基础上进行交叉斜测。

3）当测距较大时，可采用钻孔或预埋管测法。钻孔法示意图如图 2.4.7 所示，在测位预埋声测管或钻出竖向测试孔，预埋管内径或钻孔直径宜比换能器直径大 5～10mm，预埋管或钻孔间距宜为 2～3m，其深度可根据测试需要确定。检测时可用两个径向振动式换能器分别置于两测孔中进行测试，或用一个径向振动式与一个厚度振动式换能器，分别置于测孔中和平行于测孔的侧面进行测试。

（2）声学参数测量

每一测点的声时、波幅、主频和测距，按照本

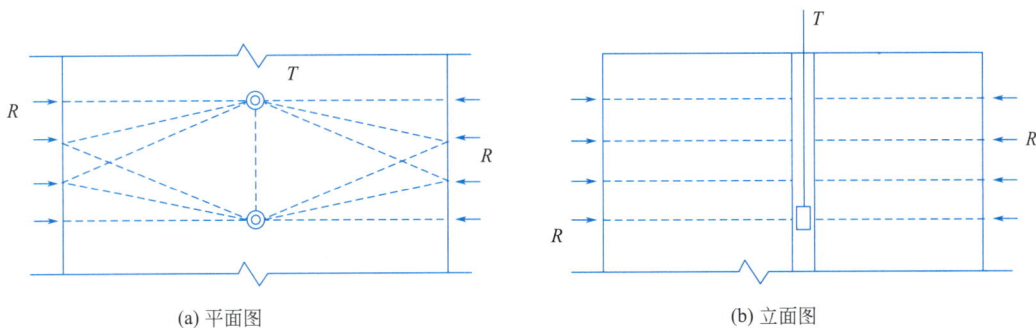

(a) 平面图　　　　　　　　　　　　　(b) 立面图

图 2.4.7　钻孔法示意图

学习情境第 4 节声学参数测量要求进行测量。

6.2　数据处理及判断

（1）声学参数计算

测位混凝土声学参数的平均值（m_x）和标准差（s_x）应按式（2.4.7）、式（2.4.8）计算：

$$m_x = \sum X_i / n \tag{2.4.7}$$

$$s_x = \sqrt{\left(\sum X_i^2 - n \cdot m_x^2\right)/(n-1)} \tag{2.4.8}$$

式中　X_i——第 i 点的声学参数测量值；

　　　n——参与统计的测点数。

（2）异常数据判别

将测位各测点的波幅、声速或主频值由大至小按顺序分别排列，即 $X_1 \geqslant X_2 \geqslant \cdots\cdots \geqslant X_n \geqslant X_{n+1} \cdots\cdots$ 将排在后面明显小的数据视为可疑，再将这些可疑数据中最大的一个（假定 X_n）连同其前面的数据按式（2.4.7）、式（2.4.8）计算出 m_x 及 s_x 值，并按式（2.4.9）计算异常情况的判断值（X_0）：

$$X_0 = m_x - \lambda_1 \cdot s_x \tag{2.4.9}$$

式中 λ_1 按《超声法检测混凝土缺陷技术规程》T/CECS 21—2024 表 6.3.2 取值。

将判断值（X_0）与可疑数据的最大值（X_n）相比较，当 X_n 不大于 X_0 时，则 X_n 及排列于其后的各数据均为异常值，并且去掉 X_n，再用 $X_1 \sim X_{n-1}$ 进行计算和判别，直至判定不出异常值为止；当 X_n 大于 X_0 时，应再将 X_{n+1} 放进去重新进行计算和判别。

当测位中判定出异常测点时，可根据异常测点的分布情况，按式（2.4.10）进一步判别其相邻测点是否异常：

$$X_0 = m_x - \lambda_2 \cdot s_x \text{ 或 } X_0 = m_x - \lambda_3 \cdot s_x \tag{2.4.10}$$

式中 λ_2、λ_3 按《超声法检测混凝土缺陷技术规程》T/CECS 21—2024 表 6.3.2 取值。当测点布置为网格状时取 λ_2；当单排布置测点时（如在声测孔中检测）取 λ_3。

当测位中某些测点的声学参数被判定为异常值时，可结合异常测点的分布及波形状况确定混凝土内部存在不密实区和空洞的位置及范围。

备忘录：

7. 混凝土结合面质量检测

混凝土结合面质量检测是指检测前后两次浇筑的混凝土接触面的结合质量。测试前应查明结合面的位置及走向，明确被测部位及范围，同时构件的被测部位应具有使声波垂直或斜穿结合面的测试条件。

7.1 测试方法

混凝土结合面质量检测可采用对测法和斜测法，如图 2.4.8 所示。布置测点时应注意下列几点：

1）使测试范围覆盖全部结合面或有怀疑的部位。

2）各对 T-R_1（声波传播不经过结合面）和 T-R_2（声波传播经过结合面）换能器连线的倾斜角测距应相等。

3）测点的间距视构件尺寸和结合面外观质量情况而定，宜为 100～300mm。

按布置好的测点分别测出各点的声时、波幅和主频值。

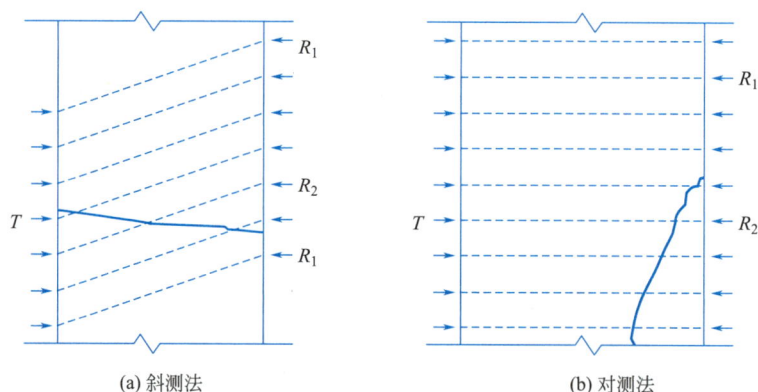

(a) 斜测法　　　　　　(b) 对测法

图 2.4.8　混凝土结合面质量检测示意图

7.2 数据处理及判断

将同一测位各测点声时、声速、波幅和主频值分别按本学习情境第 6 节 "6. 不密实区和空洞检测" 的数据处理方法进行统计和判断。

当测点数无法满足统计法判断时，可将 T-R_2 的声速、波幅等声学参数与 T-R_1 进行比较，若 T-R_2 的声学参数比 T-R_1 显著低时，则该点可判定为异常测点。

当通过结合面的某些测点的数据被判定为异常，并查明无其他因素影响时，可判定混凝土结合面在该部位结合不良。

8. 表面损伤层检测

当混凝土遭受冻害、高温作用或化学侵蚀，其表层会受到不同程度的损伤，产生裂缝或疏松层降低对钢筋的保护作用，影响结构的承载能力和耐久性。用超声波法检测表面损伤层厚度，既能反映混凝土受损程度，又为结构加固补强提供技术依据。

检测表面损伤层厚度时，应根据构件的损伤情况和外观质量选取有代表性的部位布置测位，同时构件被测表面应平整并处于自然干燥状态，且无接缝和饰面层。

8.1 测试方法

混凝土表面损伤层检测选用频率较低的厚度振动式换能器，一般将换能器放在同一测试面上进行单面平测。测试时 T 换能器应耦合好，并保持不动，然后将 R 换能器依次耦合在间距为 30mm 的测点 1、2、3……位置上，如图 2.4.9 所示，读取相应的声时值 t_1、t_2、t_3……，并测量每次 T、R 换能器内边缘之间的距离 l_1、l_2、l_3……。每一测位的测点数不得少于 6 个，当损伤层较厚时，应适当增加测点数。当构件损伤层厚度不均匀时，应适当增加测位数量。

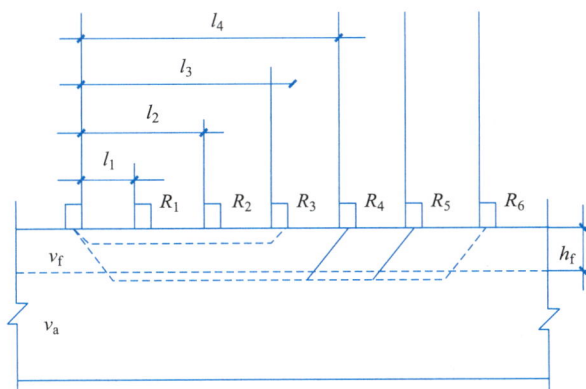

图 2.4.9 检测损伤层厚度示意图

8.2 数据处理及判断

（1）求损伤和未损伤混凝土的回归直线方程

用各测点的声时值 t_i 和相应测距值 l_i 绘制"时-距"坐标图，如图 2.4.10 所示。由图可得到声速改变所形成的转折点，该点前、后分别表示损伤和未损伤混凝土的 l 与 t 相关直线。用回归分析方法分别求出损伤、未损伤混凝土 l 与 t 的回归直线方程，见式（2.4.11）、式（2.4.12）：

损伤混凝土 $$l_f = a_1 + b_1 \cdot t_f \tag{2.4.11}$$
未损伤混凝土 $$l_a = a_2 + b_2 \cdot t_a \tag{2.4.12}$$

式中　　l_f——拐点前各测点的测距（mm），对应图 2.4.10 中的 l_1、l_2、l_3；

t_f——对应于图 2.4.10 中 l_1、l_2、l_3 的声时（μs）t_1、t_2、t_3；

l_a——拐点后各测点的测距（mm），对应图 2.4.10 中的 l_4、l_5、l_6；

t_a——对应于图 2.4.10 中 l_4、l_5、l_6 的声时（μs）t_4、t_5、t_6；

a_1、b_1、a_2、b_2——回归系数，即图 2.4.10 中损伤和未损伤混凝土直线的截距和斜率。

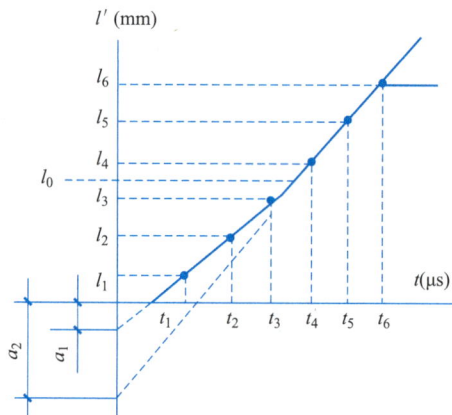

图 2.4.10 损伤层检测"时-距"图

（2）损伤层厚度按式（2.4.13）、式（2.4.14）计算

$$l_0 = (a_1 b_2 - a_2 b_1)/(b_2 - b_1) \qquad (2.4.13)$$

$$h_f = l_0/2 \cdot \sqrt{(b_2 - b_1)/(b_2 + b_1)} \qquad (2.4.14)$$

式中 h_f——损伤层厚度（mm）。

备忘录：

▶▶ 任务实施

依据对应检测规范，分小组完成工作任务要求，完整填写检测原始记录。检测流程中所需表格见表 2.4.1、表 2.4.2。

≫2-4-3

任务分配表

小贴士：)))

　　混凝土裂缝深度和内部缺陷程度是影响混凝土强度和耐久性的关键指标之一，直接影响混凝土质量合格与否。千里之堤，溃于蚁穴。

裂缝深度检测原始记录表

表 2.4.1

工程名称				委托单位		
检测依据				检测日期		
仪器名称及型号				仪器编号		
构件名称			裂缝名称		推定缝深	
测点序号	不跨缝声时 （μs）	不跨缝测距 （mm）	跨缝声时 （μs）	跨缝测距 （mm）	剔除标记	计算缝深 （mm）
构件名称			裂缝名称		推定缝深	
测点序号	不跨缝声时 （μs）	不跨缝测距 （mm）	跨缝声时 （μs）	跨缝测距 （mm）	剔除标记	计算缝深 （mm）
构件名称			裂缝名称		推定缝深	
测点序号	不跨缝声时 （μs）	不跨缝测距 （mm）	跨缝声时 （μs）	跨缝测距 （mm）	剔除标记	计算缝深 （mm）

检测：　　　　　　　　　　　　　　　　　　　　　　　复核：

混凝土内部缺陷（不密实区和空洞、结合面质量、表面损伤）检测原始记录表 表 2.4.2

工程名称					委托单位				
试验依据					构件编号				
构件类型					构件位置				
试验条件					试验日期				
主要仪器设备及编号					检测类型				
测点的声学参数（声时、波幅、主频、测距）									
测点	测距 (mm)	声时 (μs)	波幅 (dB)	主频 (kHz)	测点	测距 (mm)	声时 (μs)	波幅 (dB)	主频 (kHz)
内部缺陷描述									
换能器布置方式									
试验：		复核：					日期： 年 月 日		

>> 评价反馈

填写工作任务考核评价表。

>> 2-4-4

考核评价表

‹ 学习情境 2.5　混凝土构件裂缝检测 ›

≫ 学习目标

　　通过学习情境的学习，会查阅相关规范，了解混凝土构件裂缝检测的基本原理，熟悉混凝土结构典型裂缝特征，掌握裂缝检测的方法及要求，能独立使用相关仪器设备完成混凝土构件裂缝检测。

≫ 学习任务

　　某混凝土结构住宅楼主体结构施工完成，现发现部分混凝土构件存在裂缝，某检测机构受建设单位委托，对该住宅楼主体结构出现裂缝的混凝土构件进行裂缝检测。接受委托后，查阅相关规范获取混凝土构件裂缝检测的有效信息，并按照规范要求完成裂缝检测，规范填写检测原始记录表。任务完成后，按照现场管理规范清理场地、归还仪器设备、资料归档，并按照环保规定处置废弃物。

≫ 知识获取

　　建（构）筑物结构在建造和使用过程中会产生各种裂缝（受力裂缝和非受力裂缝），这些裂缝是建筑物当前状态最直观的呈现，因此对建筑物的裂缝检测在结构的安全性及正常使用性评定中是较为重要的环节。

　　《混凝土结构现场检测技术标准》GB/T 50784—2013 中 8.5.1 条规定，裂缝检测时宜对受检范围内存在裂缝的构件进行全数检测；当不具备全数检测条件时，可根据约定抽样原则选择如下构件进行检测：重要的构件、裂缝较多或裂缝宽度较大的构件、存在变形的构件。结构构件裂缝的检测可根据实际情况，包括部位、外观形态、数量、长度、宽度、深度、动态观测等内容。

≫ 2-5-1

混凝土构件裂缝
检测

检测尖兵

　　2024 年全国五一劳动奖章获得者郝利斌，十余载躬耕检测一线，以仪器为听诊器、数据为病历簿，练就"毫米不差"的火眼金睛。为捕捉 0.1mm 的裂缝位移，他寒冬深夜驻守高架桥，睫毛结霜仍紧盯监测仪；为破解古桥倾斜之谜，七赴现场建立三维模型，终在百年石缝间发现隐患。这位"工程医生"的执着，诠释了当代工匠"毫厘见匠心，危难显担当"的铮铮铁骨。

1. 一般规定

　　（1）在结构构件裂缝宏观观测的基础上，应绘制典型的或主要的裂缝分布图，并应结合设计文件、建造记录和维修记录等综合分析裂缝产生的原因以及对结构安全性、适用性、耐久性的影响，初步确定裂缝的严重程度。

（2）对于结构构件上已经稳定的裂缝可做一次性检测；对于结构构件上不稳定的裂缝，除按一次性观测做好记录统计外，还应进行持续性观测，每次观测应在裂缝末端标出观察日期和相应的最大裂缝宽度值，当出现新增裂缝时，应标出发现新增裂缝的日期。

（3）裂缝观测的数量应根据需要确定，并宜选择宽度大或变化大的裂缝进行观测。

（4）对需要观测的裂缝应进行统一编号，每条裂缝宜布设两组观测标志，其中一组应在裂缝的最宽处，另一组可在裂缝的末端。

（5）裂缝观测的周期应根据裂缝变化速度确定，且不应超过 1 个月。

（6）每次观测裂缝均应绘出裂缝的位置、形态和尺寸，注明日期，并应附上必要的照片资料。

> 2-5-2
混凝土构件裂缝检测内容

2. 裂缝宽度测量

结构构件裂缝宽度测量可采用下列方法：

（1）塞尺或裂缝宽度对比卡：粗测，精度低。

（2）裂缝显微镜：读数精度在 $0.02\sim0.05\text{mm}$。

（3）裂缝宽度测试仪器。

1）人工读数方式：测试范围为 $0.05\sim2.00\text{mm}$；

2）自动判读方式：读数精度为 0.05mm。

（4）对于某些特定裂缝，可使用柔性的纤维镜和刚性的管道镜观察结构的内部状况。

（5）当裂缝宽度变化时，宜使用机械检测仪测定，直接读取裂缝宽度。

3. 裂缝动态观测

当混凝土结构的裂缝需要进行持续观测时，可在宽度最大的裂缝处采用垂直于裂缝贴石膏饼的方法（石膏饼直径宜为 100mm，厚度宜为 10mm）。当发现石膏开裂时，应立即在紧靠开裂石膏处补贴新石膏饼。

4. 裂缝深度测量

结构构件裂缝深度测量具体方法见学习情境 2.4 中第 5 节。

> 2-5-3
混凝土构件裂缝检测方法

> 2-5-4
混凝土构件裂缝检测结果评定

5. 常见裂缝特征

裂缝可分为受力裂缝和非受力裂缝，根据混凝土结构裂缝的分布、形态和特征，可分别按表 2.5.1、表 2.5.2 判定裂缝所属类型，并初步评估裂缝的严重程度。

混凝土结构的典型荷载裂缝特征 表 2.5.1

序号	原因	裂缝主要特征	裂缝表现
1	轴心受拉	裂缝贯穿结构全截面,垂直于裂缝方向大体等间距;裂缝间出现位于带肋纵向钢筋附近的次裂缝	次裂缝
2	轴心受压	沿构件出现短而密的平行于受力方向的裂缝	
3	偏心受压	弯矩最大截面附近从受拉边缘开始出现横向裂缝,逐渐向中和轴发展;采用带肋钢筋时,裂缝间可见短向次裂缝	
4	偏心受压	沿构件出现短而密的平行于受力方向的裂缝,但发生在压力较大一侧,且较集中	
5	局部受压	在局部受压区出现大体与压力方向平行的多条短裂缝	
6	受弯	弯矩最大截面附近从受拉边缘开始出现横向裂缝,逐渐向中和轴发展,受压区混凝土压碎	
7	受剪	沿梁端中下部发生约45°方向相互平行的斜裂缝	

续表

序号	原因	裂缝主要特征	裂缝表现
8	受剪	沿悬臂剪力墙支承端受力一侧中下部发生一条约45°方向的斜裂缝	
9	受扭	某一面腹部先出现多条约45°方向斜裂缝，向相邻面以螺旋方向展开	
10	受冲切	沿柱头板内四侧发生45°方向的斜裂缝	
11		沿柱下基础体内柱边四侧发生45°方向斜裂缝	

混凝土结构的典型非荷载裂缝特征　　　　　　　　　　　表 2.5.2

序号	原因	一般裂缝特征	裂缝表现
1	框架结构一侧下沉过多	框架梁两端发生裂缝的方向相反（一端自上而下，另一端自下而上）；下沉柱上的梁柱接头处可能发生细微水平裂缝	
2	梁的混凝土收缩和温度变形	沿梁长度方向的腹部出现大体等间距的横向裂缝，中间宽、两头尖，呈枣核形，至上下纵向钢筋处消失，有时出现整个截面裂通的情况	
3	混凝土内钢筋锈蚀膨胀引起混凝土表面出现胀裂	形成沿钢筋方向的通长裂缝	
4	板的混凝土收缩和温度变形	沿板长度方向出现与板跨度方向一致的大体等间距的平行裂缝，有时板角出现斜裂缝	
5	混凝土浇筑速度过快	浇筑 1～2h 后在板与墙或梁，梁与柱交接部位的纵向裂缝	
6	水泥安定性不合格或混凝土搅拌、运输时间过长，使水分蒸发，引起混凝土浇筑时坍落度过低；或阳光照射、养护不当	混凝土中出现不规则的网状裂缝	

续表

序号	原因	一般裂缝特征	裂缝表现
7	混凝土初期养护时急骤干燥	混凝土与大气接触面上出现不规则的网状裂缝	类似本表(6)
8	用泵送混凝土施工时,为了保证流动性,增加水和水泥用量,导致混凝土凝结硬化时收缩量增加	混凝土中出现不规则的网状裂缝	类似本表(6)
9	木模板受潮膨胀上拱	混凝土板面产生上宽下窄的裂缝	
10	模板刚度不够,在刚浇筑混凝土的(侧向)压力作用下发生变形	混凝土构件出现与模板变形一致的裂缝	模板变形　模板变形
11	模板支撑下沉或局部失稳	已浇筑成型的构件产生相应部位的裂缝	自然地面浸水下沉　基槽回填土浸水下沉

备忘录:

≫ 任务实施

依据相应检测规范，分小组完成工作任务，并规范记录检测结果。检测流程中所需表格见表2.5.3～表2.5.5。

2-5-5

任务分配表

小贴士：

混凝土裂缝一旦持续发展就要按照规范要求进行监测鉴定，根据判定结果进行处理，避免危害混凝土结构安全。安全第一，警钟长鸣。

梁构件裂缝分布描述原始记录表　　　　　　　　表 2.5.3

工程名称　　　　　　　　　　　　　委托单位

检测依据　　　　　　　　　　　　　检测日期

仪器名称及型号　　　　　　　　　　仪器编号

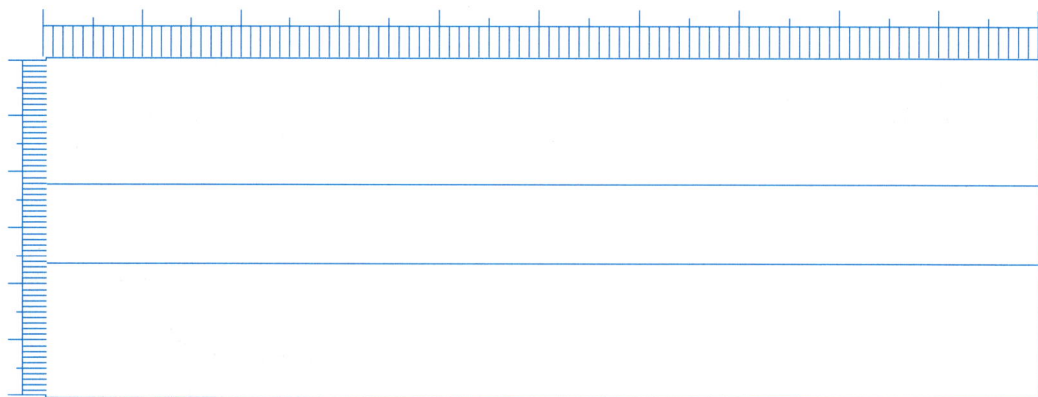

_____梁构件（展开）裂缝分布示意图

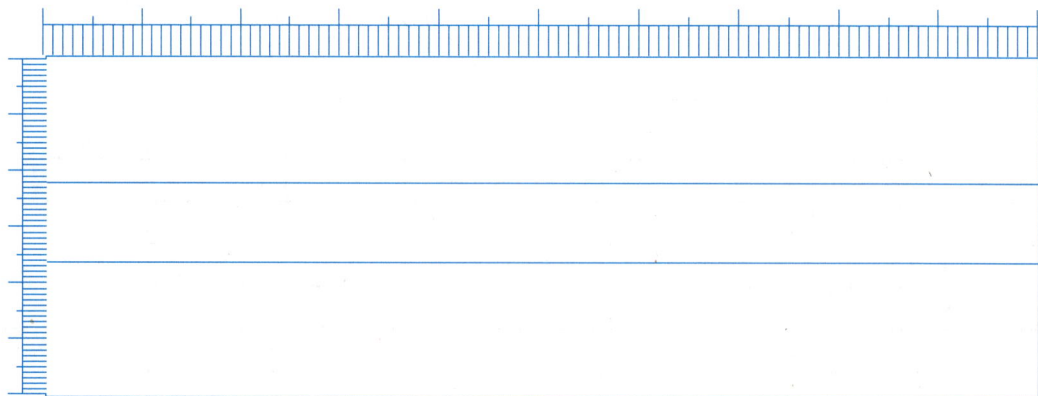

_____梁构件（展开）裂缝分布示意图

墙体裂缝分布描述原始记录表　　　　　　表 2.5.4

工程名称		委托单位	
检测依据		检测日期	
仪器名称及型号		仪器编号	

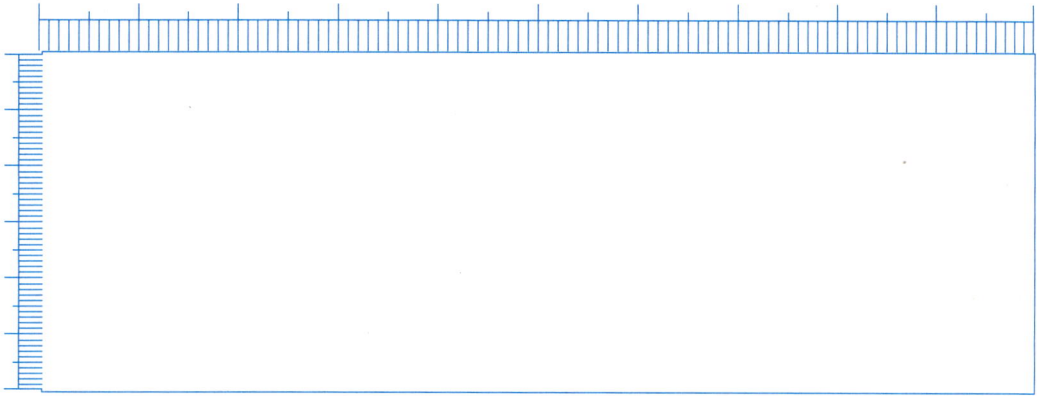

_____墙体裂缝分布示意图

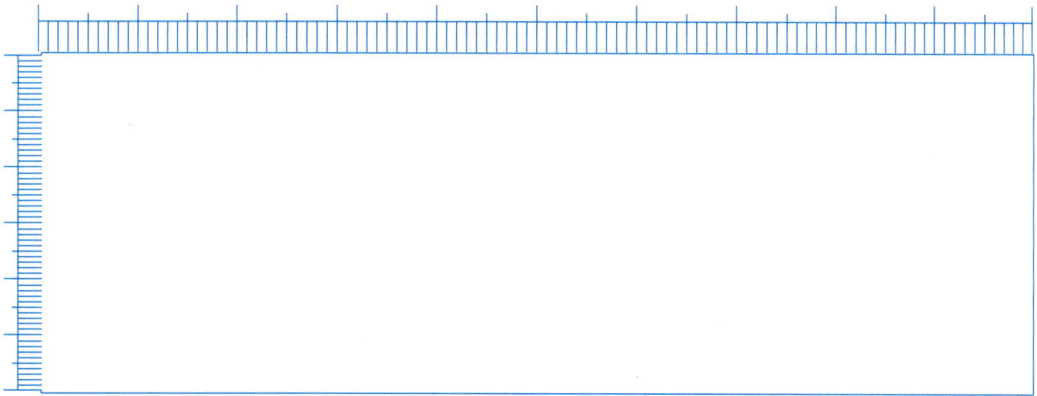

_____墙体裂缝分布示意图

楼面板裂缝分布描述原始记录表   表 2.5.5

工程名称   委托单位

检测依据   检测日期

仪器名称及型号   仪器编号

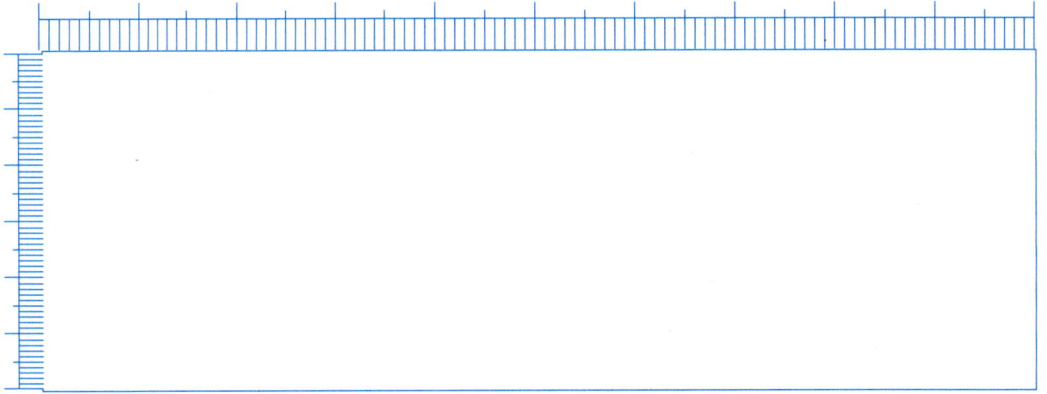

_____板（顶/底）裂缝分布示意图

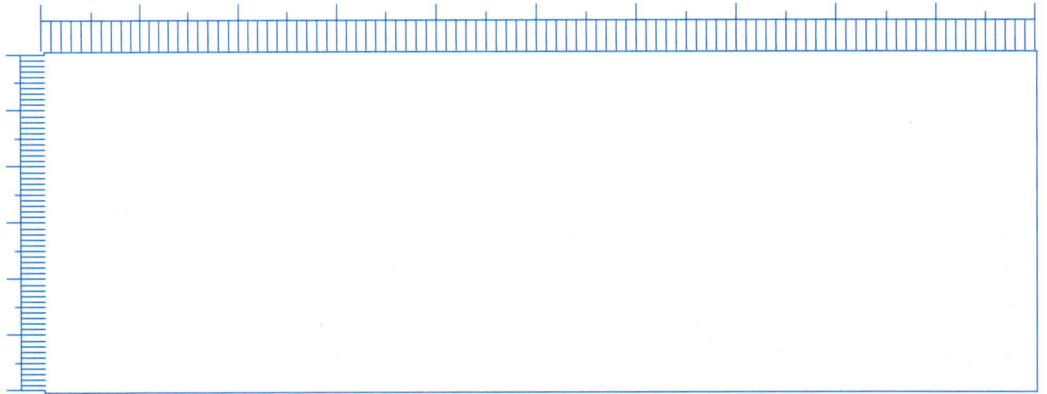

_____板（顶/底）裂缝分布示意图

>> 评价反馈

填写工作任务考核评价表。

>> 2-5-6

考核评价表

习题

一、单选题

1. 在检测混凝土构件尺寸时，同一构件的同一检测项目应选择（　　）。

A. 同一部位重复测试 3 次

B. 同一部位重复测试 10 次

C. 不同部位重复测试 3 次

D. 不同部位重复测试 10 次

2. 下列关于回弹仪的检定，说法正确的是（　　）。

A. 在检定回弹仪率定值时，率定试验可在 40℃下进行

B. 回弹值应取连续向下弹击值五次的稳定回弹结果的平均值

C. 率定试验应分四个方向进行，且每个方向弹击前，弹击杆应选择 90°，每个方向的回弹值均应为 80±2

D. 回弹仪率定值试验所用的钢砧不需要送授权计量鉴定机构检定或校准

3. 下列关于回弹值检测数量及其范围说法正确的是（　　）。

A. 相邻两测区的间距不应大于 2.5m，测区离构件端部或施工缝边缘的距离不宜大于 0.5m，且不宜小于 0.2m

B. 测区的面积不宜大于 0.04m²

C. 单个构件采用回弹法检测时，对于一般构件，测区数不宜少于 9 个

D. 按批量进行检测时，应随机抽取构件，抽检数量不宜少于同批构件总数的 30% 且不宜少于 10 件

4. 采用回弹法检测混凝土强度时，回弹值测量完毕后，应在代表性的测区上测量碳化深度值，每个构件上的测点数最少的情况下应不少于测区数的（　　）。

A. 10%　　　　　　　B. 20%　　　　　　　C. 30%　　　　　　　D. 40%

5. 采用回弹法检测混凝土强度时，某构件 10 个测区中抽取的 3 个测区碳化深度平均值分别为 1.5mm、2.0mm、3.5mm，则该构件碳化深度平均值为（　　）。

A. 1.5mm　　　　　B. 2.0mm　　　　　C. 2.5mm　　　　　D. 以上都不是

6. 回弹法测定混凝土强度时，相邻两测区的间距应控制在（　　）以内。

A. 0.2m　　　　　　B. 0.5m　　　　　　C. 1m　　　　　　D. 2m

7. 回弹仪在钢砧上率定时，下列回弹仪率定值正常的是（　　）。

A. 76　　　　　　　B. 77　　　　　　　C. 81　　　　　　　D. 84

8. 按《回弹法检测混凝土抗压强度技术规程》JGJ/T 23—2011 进行回弹检测而得到的回弹值可以反映（　　）。

A. 混凝土抗压强度

B. 混凝土内部质量密实程度

C. 混凝土表面质量和内部质量

D. 混凝土质量均匀性

9. 采用回弹法检测混凝土抗压强度时，测区应优先选在混凝土的（　　）。

A. 浇筑表面　　　　　　　　　　　B. 浇筑侧面

C. 浇筑底面　　　　　　　　　　　D. 以上皆不对

10. 采用回弹法检测混凝土抗压强度时，在测试中遇到需要修正测试面和测试角度时，应该（　　）。

A. 先修正测试面后修正角度

B. 先修正角度后修正测试面

C. 同时修正测试面和测试角度

D. 以上皆不对

11. 采用超声回弹综合法检测混凝土抗压强度时，测区面积（平测法除外）宜为（　　）m^2。

A. 0.02　　　　　　B. 0.04　　　　　　C. 0.2　　　　　　　D. 0.4

12. 采用超声回弹综合法检测混凝土抗压强度，当采用超声对测或角测时，测量回弹值时应在构件测区内超声波的发射和接收面各弹击（　　）点。

A. 5　　　　　　　　B. 8　　　　　　　　C. 10　　　　　　　D. 16

13. 采用超声回弹综合法检测混凝土抗压强度，当采用超声平测时，测量回弹值时应在构件测区内超声波的发射和接收面各弹击（　　）点。

A. 5　　　　　　　　B. 8　　　　　　　　C. 10　　　　　　　D. 16

14. 钻芯法确定检验批的混凝土抗压强度推定值，在进行标准芯样试件的取样时，其最小的样本量不应少于（　　）个。

A. 2　　　　　　　　B. 3　　　　　　　　C. 6　　　　　　　　D. 15

15. 钻芯法芯样的加工处理中，关于芯样选择，不正确的说法是（　　）。

A. 为了统一芯样的规格，在实际的工程实践中，抗压芯样试件的高度与直径之比（H/d）应该为 1：2

B. 对于标准芯样试件，每个试件内最多只允许有两根直径小于 10mm 的钢筋

C. 对于公称直径小于 100mm 的芯样试件，每个试件内最多只允许有一根直径小于 10mm 的钢筋

D. 应满足芯样内的钢筋与芯样试件的轴线基本垂直并离开断面 10mm 以上

16. 采用钢筋位置测试仪检测钢筋配置情况，下列说法不正确的是（　　）。

A. 适用于混凝土结构及构件中钢筋间距和钢筋保护层厚度的现场检测

B. 适合含有铁磁性物质的混凝土检测

C. 对于具有饰面层的结构和构件，应清除饰面层后，再在混凝土面上进行检测

D. 钢筋位置测试仪采用原位无损检测方法

17. 使用钢筋位置测试仪检测钢筋保护层厚度得到抽样原则：对于非悬挑类梁、板构件，应抽构件数量的（　　）且不少于（　　）个构件进行检测。

　　A. 1%，3　　　　　　B. 2%，4　　　　　　C. 2%，5　　　　　　D. 3%，6

18. 下列说法不正确的是（　　）。

A. 检测过程中应避开钢筋接头绑丝，同一处读取的 2 个混凝土保护层厚度检测值相差小于 1mm，则该组检测数据无效

B. 探头移动速度不得大于 2cm/s，尽量保持匀速移动，避免在找到钢筋前向相反方向移动，否则会造成较大的检测误差甚至漏筋

C. 如果连续工作时间较长，为了提高检测精度，应注意每隔 5min 将探头拿到空气中，远离金属，按确认键复位

D. 正确设置钢筋直径，否则影响检测结果

19. 在检测墙、板类构件钢筋数量和间距时，下列说法不正确的是（　　）。

A. 在构件上随机选择测试部位，测试部位应避开其他金属材料和较强的铁磁性材料，表面清洁、平整

B. 在每个测试部位连续检出 5 根钢筋，少于 5 根钢筋时应全部检出，并宜在构件表面标注出每个检出钢筋的相应位置

C. 应测量和记录每个检出钢筋的相对位置

D. 可根据第一根钢筋和最后一根钢筋的位置，确定这两根钢筋的距离，计算出钢筋的平均间距

20. 超声法检测混凝土构件裂缝深度时，当结构的裂缝部位只有一个可测表面，估计裂缝深度又不大于（　　）mm 时，可采用单面平测法。

　　A. 500　　　　　　B. 600　　　　　　C. 700　　　　　　D. 800

21. 用超声法检测时应避免超声传播路径与内部钢筋轴线平行，当无法避免时，应使测线与该钢筋的最小距离不小于超声测距的（　　）。

　　A. 1/3　　　　　　B. 1/4　　　　　　C. 1/5　　　　　　D. 1/6

22. 检测混凝土内部的不密实区或空洞，布置换能器时需要画出等间距的网格，对于工业与民用建筑，绘制的网格间距为（　　）mm。

　　A. 20～50　　　　　B. 100～300　　　　C. 50～100　　　　D. 300～400

23. 对裂缝的观测，每次都绘出裂缝的位置、形态和（　　），注明日期，并附上必要的照片资料。

　　A. 大小　　　　　　B. 尺寸　　　　　　C. 长短　　　　　　D. 粗细

二、多选题

1. 下列有关回弹法说法正确的是（　　）。

A. 水平弹击时，在弹击锤脱钩瞬间，回弹仪的标称能量应为 2.207J

B. 在弹击锤与弹击杆碰撞的瞬间，弹击拉簧应处于自由状态，且弹击锤起跳点应位于指针刻度尺的"0"处

C. 在洛氏硬度 HRC 为 60±2 的钢砧上，回弹仪的率定值为 80±2

D. 数字式回弹仪应带有指针直读示值系统；数字显示的回弹值与指针直读示值相差不应超过 1

E. 回弹仪使用时的环境温度为 $-20\sim20℃$

2. 下列关于回弹值测量说法正确的有（　　　）。

A. 测点应在测区范围内均匀分布，相邻两测点的净距离不宜小于 20mm

B. 测点距外露钢筋、预埋件的距离不宜小于 30mm

C. 弹击时应避开气孔和外露石子，同一测点应只弹击一次，读数估读至 1

D. 每一测区应记取 20 个回弹值

E. 每个构件不应少于 10 个测区

3. 回弹仪出现下列情况时，应进行常规保养（　　　）。

A. 回弹仪弹击拉簧断裂

B. 弹击次数超过 2000 次

C. 测试过程中对回弹值有怀疑

D. 超过检定有效期

E. 钢砧上率定值不合格

4. 合理选择钻芯位置，可减少测试误差、避免出现意外事故等情况。芯样宜在（　　）的部位钻取。

A. 结构或构件受力较大

B. 混凝土强度质量具有代表性

C. 便于钻芯机安放与操作

D. 避开主筋、预埋件和管线

E. 重要或者薄弱

5. 在对芯样试件的尺寸测量好之后，还要对数据进行处理、比较。为了减小测试偏差和样本的标准差，当芯样试件的尺寸偏差及外观质量超过下列（　　　）的规定时，相应的测试数据无效。

A. 芯样试件的实际高径比（H/d）小于要求高径比的 0.95 倍或大于 1.05 倍时

B. 沿芯样试件高度的任一直径与平均直径相差大于 2mm

C. 抗压芯样试件端面的不平整度在 100mm 长度内大于 0.1mm

D. 芯样试件端面与轴线的不垂直度大于 1°

E. 芯样有裂缝或其他较大缺陷

6. 超声法检测混凝土内部缺陷时，声时初读数的延时主要是（　　　）。

A. 换能器外壳与耦合层的声延时

B. 操作人员的读数延时

C. 仪器电路传输过程和高频电缆的电延时

D. 接收信号前沿起点的延时

E. 混凝土质量缺陷产生的延时

7. 在混凝土中传播的超声波，穿过混凝土内部裂缝等缺陷后，接收信号会出现（　　　）等特征。

A. 声时增大　　　B. 主频降低　　　C. 声速降低　　　D. 波幅增大

E. 波形畸变

8. 超声法检测混凝土内部缺陷的检测范围包括（　　　）。

A. 混凝土内部空洞和不密实区的位置和范围

B. 混凝土裂缝深度

C. 不同时间浇筑的混凝土结合面质量

D. 钢管混凝土中的缺陷

E. 混凝土表面损伤层厚度

9. 超声法检测混凝土缺陷，主要依据的声学参数是（　　　）。

A. 声时　　　　　　B. 声速　　　　　　C. 波幅　　　　　　D. 主频

E. 缺陷反射波的位置

10. 常用的超声换能器有（　　）振动方式。

A. 厚度　　　　　　B. 球形　　　　　　C. 径向　　　　　　D. 点状

E. 网状

学习领域 3

砌体结构检测

〈 **学习背景** 〉

学习背景描述

砌体结构是指用砖、石或块材与砂浆砌筑而成的结构。砌体结构之所以长期被人们采用并保持强大的生命力，是因为它具有一系列的优点，主要体现在以下几方面：

（1）原材料来源广泛，易于就地取材加工。

（2）砌体结构具有良好的耐火性和耐久性。

（3）砌体结构具有良好的保温、隔热和隔声性能。

（4）砌体结构的施工设备和方法简单，施工的适应性较强。

（5）砌体结构节约水泥、钢材等材料，造价低廉。

（6）砌体结构具有良好的抗压性能。

本学习领域基于实际工程，将砌体结构检测分为砌筑块体抗压强度检测、砌筑砂浆抗压强度检测、砌体抗压强度检测等学习任务，按照《建筑结构检测技术标准》GB/T 50344—2019、《砌体工程现场检测技术标准》GB/T 50315—2011、《建筑工程施工质量验收统一标准》GB 50300—2013、《砌体结构工程施工质量验收规范》GB 50203—2011、《砌体基本力学性能试验方法标准》GB/T 50129—2011 等标准及规范中砌体结构检测的部分知识对某砌体结构住宅楼主体结构进行检测，掌握砌筑块体抗压强度、砌筑砂浆抗压强度、砌体抗压强度等检测项目的检测方法与要求。

学习目标

（1）知识目标：了解砌体结构检测的方法、仪器、规范；掌握砌体结构砌体、砌块和砂浆检测流程及原理；掌握检测数据处理方法。

（2）能力目标：能独立使用相关仪器设备完成砌体质量及砌体结构构件裂缝检测；能独立完成砌块抗压强度、砂浆抗压强度及砌体抗压强度检测；能规范填写检测原始记录表。

（3）素质目标：培养学生工程结构检测中严格遵守规范的质量意识；培养学生检测过程中不辞辛苦的劳动精神；培养学生检测报告实事求是的诚信意识；培养学生在任务完成后，按照现场管理规范清理场地、归还仪器设备、资料归档，并按照环保规定处置废弃物的职业素养。

项目概况

（1）工程名称：××住宅楼。

（2）建设单位：××置业发展有限公司。

（3）设计单位：××工程设计有限公司。

（4）勘察单位：××地质工程勘察院。

（5）施工单位：××建设集团股份有限公司。

（6）监理单位：××监理有限责任公司。

（7）建设地点：××市××区。

（8）建筑面积：$3551.97m^2$。

（9）建筑层数：地下1层，地上5层。

（10）建设高度：15.0m。

3-0-1

项目图纸

（11）结构类型：砖混结构。

未详尽之处，见工程施工图纸中建筑设计总说明及结构设计总说明。项目建筑施工图、结构图见项目图纸-项目2。

匠筑千秋

中国古代的建筑砌体结构有着辉煌历史。例如，赵州桥建于隋开皇后期至大业初年（公元595年—605年），由杰出匠师李春设计建造，距今已有1400年历史，被誉为"天下第一桥"。其桥身和部分构造采用了砌体结构，不仅展示了中国古代砌体结构的技术成就和艺术魅力，还体现了古代工匠的智慧和创造力。赵州桥历经千年风雨仍屹立不倒，充分证明了砌体结构的耐久性和稳定性。

知识导入

（1）检测方法分类及选用原则

砌体工程的现场检测，按对砌体结构的损伤程度进行分类，可分为非破损检测方法和局部破损检测方法两类。非破损检测方法是指在检测过程中，对被检测砌体结构的既有力学性能没有影响，如砂浆回弹法、烧结砖回弹法等。局部破损检测方法是指在检测过程中，对被检测砌体结构的既有力学性能有局部、暂时的影响，但可修复，如原位轴压法、扁顶法、切制抗压试件法等。在局部破损检测方法中，尚可进一步分为较大局部破损检测方法和较少局部破损检测方法，如原位轴压法、切制抗压试件法等均属于较大局部破损检测方法；电荷法、砂浆片剪切法等则可通过在取样时注意加以控制，减小对被测墙体的损伤，属于较小局部破损检测方法。砌体结构检测方法一览表见表3.0.1。

砌体工程的现场检测方法，按其测试的内容进行分类，包括检测砌体抗压强度、检测砌体工作应力和弹性模量、检测砌体抗剪强度、检测砌体砌筑砂浆强度、检测砌筑块体抗压强度等。其中检测砌体抗压强度的方法主要为原位轴压法、扁顶法、切制抗压试件法等；检测砌体工作应力和弹性模量的方法为扁顶法等；检测砌体抗剪强度的方法有原位单剪法、原位双剪法等；检测砌体砌筑砂浆强度的方法有推出法、筒压法、砂浆片剪切法、砂浆回弹法、点荷法、贯入法等；检测砌筑块体抗压强度的方法有烧结砖回弹法、取样法等。

选用检测方法和在墙体上选定测点，尚应符合下列要求：

1）除原位单剪法外，测点不应位于门窗洞口处。

2）所有方法的测点不应位于补砌的临时施工洞口附近。

3）应力集中部位的墙体以及墙梁的墙体计算高度范围内，不应选用有较大局部破损的检测方法。

4）砖柱和宽度小于3.6m的承重墙，不应选用有较大局部破损的检测方法。

砌体结构检测方法一览表　　　　　　　　　　　　　　表 3.0.1

序号	检测方法及引用标准	特点	用途	限制条件
1	烧结砖回弹法《砌体工程现场检测技术标准》GB/T 50315—2011	(1)属于原位无损检测；(2)回弹仪性能较稳定，操作简便；(3)检测部位的装修面层仅局部损伤	检测烧结普通砖和烧结多孔砖墙体中的砖强度	(1)适用范围限于：砖强度为6～30MPa；(2)不适用于推定高温、长期浸水、化学侵蚀、火灾等情况下的砖抗压强度
2	砂浆回弹法《砌体工程现场检测技术标准》GB/T 50315—2011	(1)属于原位无损检测；(2)回弹仪性能较稳定，操作简便；(3)检测部位的装修面层仅局部损伤	(1)检测烧结普通砖和烧结多孔砖墙体中的砂浆强度；(2)主要适用于砂浆强度均质性普查	(1)水平灰缝表面粗糙且难以磨平时，不得采用；(2)砂浆强度不应小于2MPa；(3)不适用于推定高温、长期浸水、化学侵蚀、火灾等情况下的砖抗压强度
3	贯入法《贯入法检测砌筑砂浆抗压强度技术规程》JGJ/T 136—2017	(1)属原位检测，直接在墙体上测试,测试结果综合反映材料质量和施工质量；(2)直观性、可比性强；(3)设备较轻；(4)检测部位局部破损	检测砌筑砂浆抗压强度	(1)适用范围限于：砂浆强度为0.4～16MPa；(2)不适用于推定高温、冻害、化学侵蚀、火灾等表面损伤的砂浆检测，以及冻结法施工的砂浆在强度回升阶段的检测
4	筒压法《砌体工程现场检测技术标准》GB/T 50315—2011	(1)属取样检测；(2)仅需利用一般混凝土实验室的设备；(3)取样部位局部破损	检测烧结普通砖墙体中的砂浆强度	测点数量不宜太多
5	推出法《砌体工程现场检测技术标准》GB/T 50315—2011	(1)属原位检测，直接在墙体上测试,测试结果综合反映施工质量和砂浆质量；(2)设备较轻；(3)检测部位局部破损	检测普通砖墙体的砂浆强度	当水平灰缝的砂浆饱满度低于65%时,不宜选用
6	砂浆片剪切法《砌体工程现场检测技术标准》GB/T 50315—2011	(1)属取样检测；(2)专业的砂浆测强仪及其标定仪；(3)试验工作较简便；(4)取样部位局部破损	检测烧结普通砖墙体中的砂浆强度	

续表

序号	检测方法及引用标准	特点	用途	限制条件
7	点荷法《砌体工程现场检测技术标准》GB/T 50315—2011	(1)属取样检测；(2)试验工作较简便；(3)取样部位局部破损	检测烧结普通砖墙体中的砂浆强度	砂浆强度不应小于2MPa
8	原位轴压法《砌体工程现场检测技术标准》GB/T 50315—2011	(1)属原位检测，直接在墙体上测试，测试结果综合反映材料质量和施工质量；(2)直观性、可比性强；(3)设备较重；(4)检测部位局部破损	检测普通砖砌体的抗压强度	(1)槽间砌体每侧的墙体宽度应不小于1.5m；(2)同一墙体上的测点数量不宜多于1个，测点总数不宜太多；(3)限用于240mm砖墙
9	扁顶法《砌体工程现场检测技术标准》GB/T 50315—2011	(1)属原位检测，直接在墙体上测试，测试结果综合反映材料质量和施工质量；(2)直观性、可比性强；(3)扁顶重复使用率较高；(4)砌体强度较高或轴向变形较大时，难以测出抗压强度；(5)设备较轻；(6)检测部位局部破损	(1)检测普通砖砌体的抗压强度；(2)测试具体工程的砌体弹性模量；(3)测试古建筑和重要建筑的实际应力	(1)槽间砌体每侧的墙体宽度应不小于1.5m；(2)不适用于测试墙体破坏荷载大于4000kN的墙体
10	切制抗压试件法《砌体工程现场检测技术标准》GB/T 50315—2011	(1)属原位检测，直接在墙体上测试，测试结果综合反映材料质量和施工质量；(2)试件尺寸与标准抗压试件相同，直观性、可比性强；(3)设备较重，现场取样时有水污染；(4)取样部位有较大局部破损，需切割、搬运试件；(5)检测结果不需换算	(1)检测烧结普通砖和多孔砖砌体的抗压强度；(2)火灾、环境侵蚀后的砌体剩余抗压强度	取样部位每侧的墙体宽度不应小于1.5m，且应为墙体长度方向的中部或受力较小处
11	原位单剪法《砌体工程现场检测技术标准》GB/T 50315—2011	(1)属原位检测，直接在墙体上测试，测试结果综合反映材料质量和施工质量；(2)直观性强；(3)检测部位局部破损	检测各种砌体的抗剪强度	(1)测点选在窗下墙部位，且承受反作用力的墙体应有足够长度；(2)测点数量不宜太多
12	原位双剪法《砌体工程现场检测技术标准》GB/T 50315—2011	(1)属原位检测，直接在墙体上测试，测试结果综合反映材料质量和施工质量；(2)直观性强；(3)设备较轻；(4)检测部位局部破损	检测烧结普通砖砌体的抗剪强度，其他墙体应经试验确定有关换算系数	当砂浆强度低于5MPa时，误差较大

（2）检测单元、测区和测点布置的一般规定

1）检测单元

当检测对象为整栋建筑物或建筑物的一部分时，应将其划分为一个或若干个可以独立进行分析的结构单元，每一结构单元应划分为若干个检测单元。

检测单元是根据下列几项因素规定的：

① 检测是为鉴定采集基础数据，对建筑物鉴定时，首先应根据被鉴定建筑物的结构特点和承重体系的种类，将该建筑物划分为一个或若干个可以独立进行分析（鉴定）的结

构单元，故检测时应根据鉴定要求，将建筑物划分成同样的结构单元。

② 对每一个结构单元，采用对新施工建筑同样的规定，将同一材料品种、同一等级 $250m^3$ 砌体作为一个母体，进行测区和测点的布置，将此母体称作"检测单元"，一个结构单元可以划分为一个或数个检测单元。

③ 当仅仅对单个构件（墙片、柱）或不超过 $250m^3$ 的同一材料、同一等级的砌体进行检测时，亦将此作为一个检测单元。

2）测区

每一检测单元内，不宜少于 6 个测区，应将单个构件（墙体、柱）作为一个测区；当一个检测单元不足 6 个构件时，应将每个构件作为一个测区。

采用原位轴压法、扁顶法、切制抗压试件法检测，当选择 6 个测区确有困难时，可选取不少于 3 个测区测试，但宜结合其他非破损检测方法综合进行强度推定。

3）测点

每一测区应随机布置若干测点。各种检测方法的测点数，应符合下列要求：

① 原位轴压法、扁顶法、切制抗压试件法、原位单剪法、筒压法，测点数不应少于 1 个。

② 原位双剪法、推出法，测点数不应少于 3 个。

③ 砂浆片剪切法、砂浆回弹法、点荷法、砂浆片局压法、烧结砖回弹法，测点数不应少于 5 个。

注：回弹法的测位，相当于其他检测方法的测点。

💡 **思维导图**

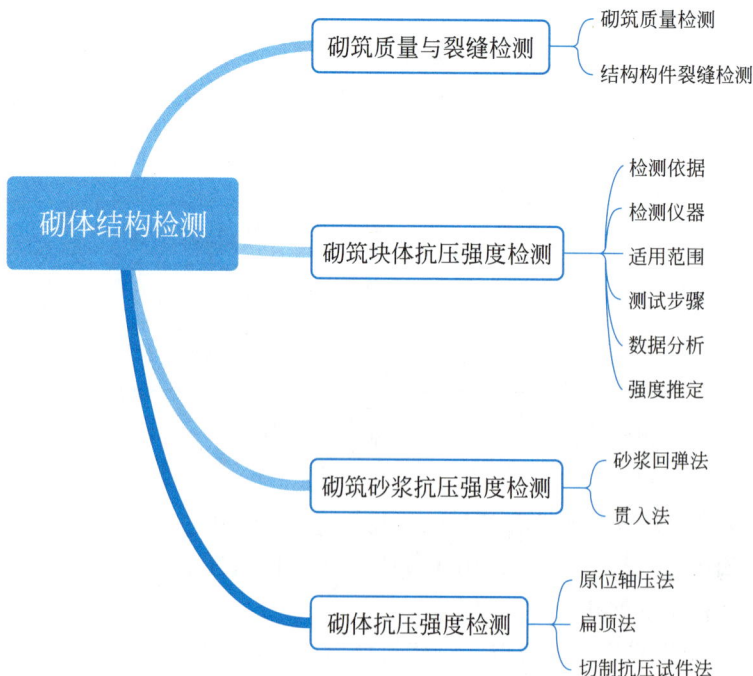

学习情境 3.1　砌筑质量与裂缝检测

▶▶ 学习目标

通过学习情境的学习，会查阅相关规范，掌握砌体结构砌筑质量与损伤检测方法及要求，能独立使用相关仪器设备完成砌体结构砌筑质量与裂缝检测。

▶▶ 学习任务

某砌体结构住宅楼主体结构施工完成，为了解砌体结构施工质量是否满足设计及相关验收规范要求，为工程验收提供依据；某检测机构受建设单位委托，对该住宅楼主体结构进行砌筑质量与裂缝检测。接受委托后，查阅相关规范获取砌体结构砌筑质量与裂缝检测的有效信息，并按照规范完成砌筑质量与构件裂缝检测，规范填写检测原始记录表。任务完成后，按照现场管理规范清理场地、归还仪器设备、资料归档，并按照环保规定处置废弃物。

▶▶ 知识获取

1. 砌筑质量检测

砌筑质量检测可分为砌筑方法、灰缝质量、砌筑偏差等检测分项。

（1）砌筑方法检测

砌体结构砌筑方法的检测可分为上下错缝、内外搭砌、留槎、洞口和柱的砌法等。

1）上下错缝、内外搭砌和柱的砌法

砖砌体组砌方法应正确，内外搭砌，上下错缝。清水墙、窗间墙无通缝；混水墙中不得有长度大于 300mm 的通缝，长度 200～300mm 的通缝每间不超过 3 处，且不得位于同一面墙体上；砖柱不得采用包心砌法。

2）留槎和洞口

砌体的留槎和施工洞口的处置措施可通过砌体开裂情况进行判定。

3）合格性判定

① 结构工程质量的检测应按结构建造时的国家有关标准的规定对检测结论进行符合性判定。

② 既有结构的检测应在相关性能的评定中体现砌筑质量的不利影响。

砺砖成艺

　　手握瓦刀廿三载，中专毕业的许纪平将砌筑升华为艺术。为 0.5mm 的精度极限，他日夜苦练砌墙推倒重来七次，砖屑嵌入掌纹成茧；世赛夺金后创新"三维定位法"，让传统工艺提速三倍。千吨砖石在他手下化作《富春山居图》般流畅的曲面墙体，3万块砖砌体垂直误差小于硬币厚度。这位"大国工匠"用汗水和创新书写信条："每一道灰缝，都是对生命的丈量。"

(2) 灰缝质量检测

灰缝质量检测可分为灰缝厚度、灰缝平直程度和灰缝饱满程度等检测项目。

1) 灰缝厚度检测

① 质量要求：砖砌体的灰缝应横平竖直，厚薄均匀，水平灰缝厚度及竖向灰缝宽度宜为10mm，但不应小于8mm，也不应大于12mm。

② 检测方法：水平灰缝厚度用尺量10皮砖砌体高度折算；竖向灰缝宽度用尺量2m砌体长度折算。

③ 检测数量：每检验批抽查不应少于5处。

2) 灰缝平直程度检测

① 质量要求：清水墙灰缝平直程度允许偏差为7mm；混水墙灰缝平直程度允许偏差为10mm。

② 检测方法：拉5m线和尺进行检查。

③ 检测数量：每检验批抽查不应少于5处。

3) 灰缝饱满程度检测

① 质量要求：砌体灰缝砂浆应密实饱满，砖墙水平灰缝的砂浆饱满度不得低于80%；砖柱水平灰缝和竖向灰缝饱满度不得低于90%。

② 检测方法：用百格网检查砖底面与砂浆的粘结痕迹面积，每处检测3块砖，取其平均值。

③ 检测数量：每检验批抽查不应少于5处。

4) 符合性判定

砌体结构灰缝质量的检测结论应按下列规定进行符合性判定或推定：

① 结构工程质量的检测应按结构建造时国家有关标准的规定对检测结论进行符合性判定。

② 既有结构的检测应在推定砌体强度时使用适当的折减系数。

(3) 砌筑偏差检测

砌体结构砌筑偏差检测项目、检测方法及要求见表3.1.1。

砌体结构砌筑偏差检测项目、检测方法及要求 表 3.1.1

序号	项目			允许偏差（mm）	检测方法	抽检数量
1	轴线位移			10	用经纬仪和尺或用其他测量仪器检查	承重墙、柱全数检查
2	基础、墙、柱顶面标高			±15	用水准仪和尺检查	不应少于5处
3	墙面垂直度	每层		5	用2m托线板检查	不应少于5处
		全高	≤10m	10	用经纬仪、吊线和尺或用其他测量仪器检查	外墙全部阳角
			>10m	20		

续表

序号	项目		允许偏差 (mm)	检测方法	抽检数量
4	表面平整度	清水墙、柱	5	用 2m 靠尺和楔形塞尺检查	不应少于 5 处
		混水墙、柱	8		
5	门窗洞口高、宽(后塞口)		±10	用尺检查	不应少于 5 处
6	外墙上下窗口偏移		20	以底层窗口为准， 用经纬仪或吊线检查	不应少于 5 处
7	清水墙游丁走缝		20	以每层第一皮砖为准， 用吊线和尺检查	不应少于 5 处

2. 结构构件裂缝检测

（1）检测方法

砌体结构的裂缝可按下列方法进行检测：

1）裂缝的长度可采用尺量、数砖的皮数等方法确定；裂缝的宽度可采用裂缝卡、裂缝检测仪确定；裂缝的深度可通过观察、打孔或取样的方法确定。

2）裂缝的位置、数量和实测情况应予以记录。

3）砌筑方法、留槎、洞口、线管及预制构件影响产生的裂缝应剔除构件抹灰确定。

（2）裂缝原因判定

砌体结构开裂原因可根据受力裂缝、变形裂缝等的形态和出现部位判断。

1）受力裂缝

砌体结构的受力裂缝可根据下列特征进行判断：

① 重力荷载造成的裂缝多呈竖向。

② 剪切作用造成的裂缝主要为斜向裂缝。

③ 弯曲受拉裂缝多数沿砌体灰缝水平向发展。

④ 直拉裂缝多沿着与拉力垂直灰缝开展。

⑤ 局部承压荷载裂缝多出现在混凝土大梁或大梁下部的墙体。

当判定为结构承载力不足造成的竖向受压贯通裂缝时，应进行构件承载力的验算；对于判定为局部承压的裂缝，应进行砌体局部承压的验算。

2）太阳辐射热裂缝

太阳辐射热裂缝可按下列特征进行判断：

① 顶层裂缝严重。

② 结构单元两端裂缝严重。

③ 在墙上斜向发展。

当判定为太阳辐射热裂缝时，应进行下列检测：

① 局部防水渗漏的检查。

② 屋面保温隔热层的检测。

③ 墙体局部倾斜的检测。

当判定为温度裂缝时，应进行下列检测和调查：

① 调查当地气温的变化情况。

② 调查墙体的保温情况。

③ 核查房屋伸缩缝的间距。

④ 核查建筑内部的热源等情况。

3）地基不均匀变形裂缝

地基不均匀变形裂缝的判断包括裂缝产生原因、造成地基不均匀变形的原因和发展趋势等。

地基不均匀变形造成裂缝的判定可采取下列两种方式：

① 根据裂缝位置、形态与走向等查找不均匀变形发生的部位和范围。

② 将地基不均匀变形的部位、范围等参数与裂缝的位置与走向等进行核对。

当判定为地基不均匀变形造成的裂缝时，应进行下列检测：

① 进行结构沉降的观测。

② 进行结构倾斜的测量。

③ 测定结构的累计沉降差。

④ 裂缝的发展情况，可采取监测或持续观察的方法。

≫ 任务实施

依据相应检测规范，分小组完成工作任务，并规范记录检测结果。检测流程中所需表格见表 3.1.2、表 3.1.3。

≫ 3-1-1

任务分配表

检测原始记录表   表 3.1.2

工程名称			
委托单位			
单元、楼层号		构件名称	
轴线位置		检测部位	
检测依据		检测日期	
示意图：			

检测：   复核：

墙体裂缝分布描述原始记录表　　　　　　　　　　　　**表 3.1.3**

工程名称　　　　　　　　　　　　　委托单位

检测依据　　　　　　　　　　　　　检测日期

仪器名称及型号　　　　　　　　　　仪器编号

_____墙体裂缝分布示意图

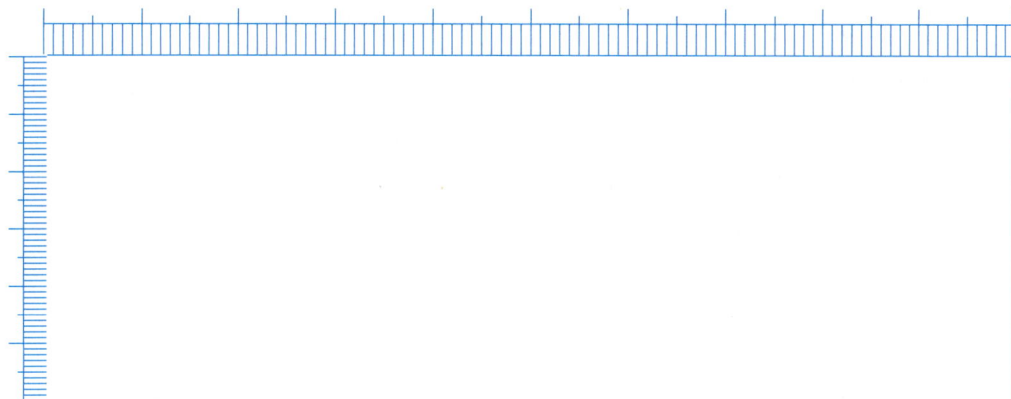

_____墙体裂缝分布示意图

≫ 评价反馈

填写工作任务考核评价表。

≫ 3-1-2

考核评价表

学习情境 3.2　砌筑块体抗压强度检测

学习目标

通过学习情境的学习，会查阅相关规范，掌握烧结砖回弹法检测烧结普通砖砌体、烧结多孔砖砌体抗压强度的方法及要求，能独立使用相关仪器设备采用烧结砖回弹法完成烧结普通砖砌体抗压强度检测。

>> 学习任务

某砌体结构住宅楼主体结构施工完成，某检测机构受建设单位委托，现需对烧结普通砖砌体进行抗压强度检测。接受委托后，查阅相关规范获取烧结普通砖砌体抗压强度检测的有效信息，并按照规范要求采用烧结砖回弹法完成烧结普通砖砌体抗压强度检测，规范填写回弹法检测砖抗压强度检测原始记录表。任务完成后，按照现场管理规范清理场地、归还仪器设备、资料归档，并按照环保规定处置废弃物。

>> 知识获取

1. 检测依据

（1）《建筑结构检测技术标准》GB/T 50344—2019。
（2）《砌体工程现场检测技术标准》GB/T 50315—2011。
（3）《砌体结构工程施工质量验收规范》GB 50203—2011。

2. 检测仪器

回弹法检测砌筑块体抗压强度所用仪器为指针直读式回弹仪。
（1）回弹仪技术要求（表 3.2.1）

砖回弹仪主要技术性能指标　　　　　　　　　表 3.2.1

项目	指标
标称动能(J)	0.735
指针摩擦力(N)	0.5±0.1
弹击杆端部球面半径(mm)	25±1.0
钢砧率定值 R	74±2

思考：

在技术要求上，砖回弹仪与混凝土回弹仪有哪些差别？

（2）回弹仪检定、率定试验、保养

回弹仪检定、率定试验、保养的要求及步骤见学习情景 2.2 回弹法检测混凝土强度。

3. 适用范围

>> 3-2-1

砌体砌块抗压强度
检测技术要求

烧结砖回弹法适用于推定烧结普通砖砌体或烧结多孔砖砌体中砖的抗压强度，不适用于推定表面已风化或遭受冻害、环境侵蚀的烧结普通砖砌体或烧结多孔砖砌体中砖的抗压强度。检测时，应用回弹仪测试砖表面硬度，并将砖回弹值换算成砖抗压强度。

4. 测试步骤

>> 3-2-2

砌体砌块抗压强度
检测步骤

（1）测区及测位布置

每个检测单元中应随机选择 10 个测区。每个测区的面积不宜小于 1.0m²，应在其中随机选择 10 块条面向外的砖作为 10 个测位供回弹测试。选择的砖与砖墙边缘的距离应大于 250mm。

被检测砖应为外观质量合格的完整砖。砖的条面应干燥、清洁、平整，不应有饰面层、粉刷层，必要时可用砂轮清除表面的杂物，并磨平测面，同时用毛刷刷去粉尘。

（2）回弹值测量

在每块砖的测面上应均匀布置 5 个弹击点。选定弹击点时应避开砖表面的缺陷。相邻两弹击点的间距不应小于 20mm，弹击点离砖边缘不应小于 20mm，每一弹击点应只能弹击一次，回弹值读数应估读至 1。测试时，回弹仪应处于水平状态，其轴线应垂直于砖的测面。

5. 数据分析

（1）计算测位平均回弹值

单个测位的回弹值，应取 5 个弹击点回弹值的平均值。

（2）计算测位抗压强度换算值

>> 3-2-3

砌体砌块抗压强度
检测数据分析

第 i 测区第 j 个测位的抗压强度换算值，应按式（3.2.1）、式（3.2.2）计算：

1）烧结普通砖

$$f_{1ij}=2\times10^{-2}R^2-0.45R+1.25 \tag{3.2.1}$$

2）烧结多孔砖

$$f_{1ij}=1.70\times10^{-3}R^{2.48} \tag{3.2.2}$$

式中　f_{1ij}——第 i 个测区第 j 个测位的抗压强度换算值（MPa）；

　　　R——第 i 个测区第 j 个测位的平均回弹值。

（3）计算测区砖抗压强度平均值

测区的砖抗压强度平均值，应按式（3.2.3）计算：

$$f_{1i}=\frac{1}{10}\sum_{j=1}^{n_1}f_{1ij} \tag{3.2.3}$$

6. 强度推定

（1）计算检测单元强度平均值、标准差和变异系数

每一检测单元的强度平均值、标准差和变异系数，应按式（3.2.4）～式（3.2.6）计算：

$$\overline{x} = \frac{1}{n_2}\sum_{i=1}^{n_2} f_i \tag{3.2.4}$$

$$s = \sqrt{\frac{\sum_{i=1}^{n_2}(\overline{x} - f_i)^2}{n_2 - 1}} \tag{3.2.5}$$

$$\delta = \frac{s}{\overline{x}} \tag{3.2.6}$$

式中 $\overline{x}$——同一检测单元的强度平均值（MPa）；

n_2——同一检测单元的测区数；

f_i——测区的强度代表值；

s——同一检测单元，按 n_2 个测区计算的强度标准差（MPa）；

δ——同一检测单元的强度变异系数。

（2）检测单元砖抗压强度等级推定

既有砌体工程，当采用回弹法检测烧结砖抗压强度时，每一检测单元的砖抗压强度等级，应符合下列要求：

当变异系数 $\delta \leqslant 0.21$ 时，应按表 3.2.2、表 3.2.3 中抗压强度平均值 $f_{1,m}$、抗压强度标准值 f_{1k} 推定每一检测单元的砖抗压强度等级。每一检测单元的砖抗压强度标准值，应按式（3.2.7）计算：

$$f_{1k} = f_{1,m} - 1.8s \tag{3.2.7}$$

式中 f_{1k}——同一检测单元的砖抗压强度标准值（MPa）。

烧结普通砖抗压强度等级的推定（MPa）　　　　　表 3.2.2

抗压强度推定等级	抗压强度平均值 $f_{1,m} \geqslant$	变异系数 $\delta \leqslant 0.21$	变异系数 $\delta > 0.21$
		抗压强度标准值 $f_{1k} \geqslant$	抗压强度最小值 $f_{1,min} \geqslant$
MU25	25.0	18.0	22.0
MU20	20.0	14.0	16.0
MU15	15.0	10.0	12.0
MU10	10.0	6.5	7.5
MU7.5	7.5	5.0	5.5

烧结多孔砖抗压强度等级的推定（MPa）　　　　　表 3.2.3

抗压强度推定等级	抗压强度平均值 $f_{1,m} \geq$	变异系数 $\delta \leq 0.21$ 抗压强度标准值 $f_{1k} \geq$	变异系数 $\delta > 0.21$ 抗压强度最小值 $f_{1,min} \geq$
MU30	30.0	22.0	25.0
MU25	25.0	18.0	22.0
MU20	20.0	14.0	16.0
MU15	15.0	10.0	12.0
MU10	10.0	6.5	7.5

思考：

　　回弹法检测砖抗压强度与回弹法检测混凝土强度在测试步骤、数据分析、强度推定等方面有哪些区别与联系？

任务实施

　　根据任务书要求，以小组为单位制定工作方案。

>> 3-2-4

任务分配表

思考：

　　你到各地观光游览或者翻阅图书，欣赏古建筑雕梁画栋、飞檐斗栱的精美之时，是不是更常常惊叹古建筑的坚固？是不是更疑惑在没有水泥的年代里，我国古代劳动人民是如何做到让砌筑工程历久弥坚的？作为检测人员我们应该如何做呢？

　　回弹法检测砖抗压强度过程中所需表格见表 3.2.4。

回弹法检测砖抗压强度原始记录表

表 3.2.4

工程名称				委托单位				
仪器编号			仪器型号				率定值	
环境温度					检测日期			
检测依据								

检测单元	测区	设计强度	测位	弹击点回弹值				
				1	2	3	4	5
			1					
			2					
			3					
			4					
			5					
			6					
			7					
			8					
			9					
			10					
			1					
			2					
			3					
			4					
			5					
			6					
			7					
			8					
			9					
			10					
			1					
			2					
			3					
			4					
			5					
			6					
			7					
			8					
			9					
			10					

检测：　　　　　　　　　　　　　　　　　　　　　　　　　　　复核：

>> 评价反馈

填写工作任务考核评价表。

考核评价表

学习情境 3.3 砌筑砂浆抗压强度检测

学习目标

通过学习情境的学习，会查阅相关规范，掌握砂浆回弹法、贯入法检测砌筑砂浆抗压强度的方法及要求，能独立使用相关仪器设备采用砂浆回弹法、贯入法完成砌筑砂浆抗压强度检测。

学习任务

某砌体结构住宅楼主体结构施工完成，某检测机构受建设单位委托，现需对砌筑砂浆进行抗压强度检测。接受委托后，查阅相关规范获取砌筑砂浆抗压强度检测的有效信息，并按照规范要求采用砂浆回弹法、贯入法完成砌筑砂浆抗压强度检测，规范填写原始记录表。任务完成后，按照现场管理规范清理场地、归还仪器设备、资料归档，并按照环保规定处置废弃物。

知识获取

1. 砂浆回弹法

1.1 检测依据

（1）《建筑结构检测技术标准》GB/T 50344—2019。
（2）《砌体工程现场检测技术标准》GB/T 50315—2011。
（3）《砌体结构工程施工质量验收规范》GB 50203—2011。

1.2 检测仪器

回弹法检测砌筑砂浆抗压强度所用仪器为指针直读式回弹仪。
（1）回弹仪技术要求（表3.3.1）

砂浆回弹仪主要技术性能指标   表 3.3.1

项目	指标
标称动能(J)	0.196
指针摩擦力(N)	0.5±0.1
弹击杆端部球面半径(mm)	25±1.0
钢砧率定值 R	74±2

思考：

在技术要求上，砂浆回弹仪与砖回弹仪、混凝土回弹仪有哪些差别？

（2）回弹仪检定、率定试验、保养

引导问题：回顾回弹法检测混凝土、砖强度的原理与步骤，分别阐述回弹仪检定、率定试验、保养的要求及步骤。

1.3　适用范围

砂浆回弹法适用于推定烧结普通砖或烧结多孔砖砌体中砌筑砂浆的强度，不适用于推定高温、长期浸水、遭受火灾、环境侵蚀等砌筑砂浆的强度，墙体水平灰缝砌筑不饱满或表面粗糙且无法磨平时，不得采用砂浆回弹法检测砂浆强度。检测时，应用回弹仪测试砂浆表面硬度，并应用浓度为 $1\% \sim 2\%$ 的酚酞酒精溶液测试砂浆碳化深度，应以回弹值和碳化深度两项指标换算为砂浆强度。

>> 3-3-1
回弹法砌筑砂浆
强度检测技术要求

1.4　测试步骤

（1）测区布置

每一检测单元内，不宜少于 6 个测区，应将单个构件（单片墙体、柱）作为一个测区；当一个检测单元不足 6 个构件时，应将每个构件作为一个测区。

（2）测位布置

每一测区内测位不应少于 5 个。测位宜选在承重墙的可测面上，并应避开门窗洞口及预埋件等附近的墙体。墙面上每个测位的面积宜大于 0.3m^2。

>> 3-3-2
回弹法砌筑砂浆
强度检测步骤

测位处应按下列要求进行处理：

1）粉刷层、勾缝砂浆、污物等应清除干净。

2）弹击点处的砂浆表面，应仔细打磨平整，并应除去浮灰。

3）磨掉表面砂浆的深度应为 $5 \sim 10\text{mm}$，且不应小于 5mm。

（3）回弹值测量

每个测位内应均匀布置 12 个弹击点。选定弹击点应避开砖的边缘、灰缝中的气孔或松动的砂浆。相邻两弹击点的间距不应小于 20mm。

在每个弹击点上，应使用回弹仪连续弹击 3 次，第 1、2 次不应读数，应仅记读第 3 次回弹值，回弹值读数应估读至 1。测试过程中，回弹仪应始终处于水平状态，其轴线应垂直于砂浆表面，且不得移位。

（4）碳化深度测量

在每一测位内，应选择 3 处灰缝，并应采用工具在测区表面打凿出直径约 10mm 的孔洞，其深度应大于砌筑砂浆的碳化深度，应清除孔洞中的粉末和碎屑，且不得用水擦洗，然后采用浓度为 $1\% \sim 2\%$ 的酚酞酒精溶液滴在孔洞内壁边缘处，当已碳化与未碳化界限清晰时，应采用碳化深度测定仪或游标卡尺测量已碳化与未碳化砂浆交界面到灰缝表面的垂直距离。

思考：

回顾回弹法检测混凝土、砖强度相关内容，完成表3.3.2。

回弹法检测混凝土、砖、砂浆强度要求与步骤差异表　　　　　　表 3.3.2

项目	混凝土	砖	砂浆	备注
测区数量				
测位(测区)数量				
测位(测区)面积(m²)				
测点数量				
是否进行碳化深度测量				

1.5　数据分析

（1）计算测位平均回弹值

从每个测位的 12 个回弹值中，应分别剔除最大值、最小值，将余下的 10 个回弹值计算算术平均值，应以 R 表示，并应精确至 0.1。

（2）计算测位平均碳化深度

每个测位的平均碳化深度，应取该测位各次测量值的算术平均值，应以 d 表示，并应精确至 0.5mm。

>> 3-3-3

回弹法砌筑砂浆强度检测强度推定

（3）计算测位抗压强度换算值

第 i 个测区第 j 个测位的砂浆强度换算值，应根据该测位的平均回弹值和平均碳化深度值，分别按式（3.3.1）～式（3.3.3）计算：

1）$d \leqslant 1.0$mm 时：

$$f_{2ij}' = 13.97 \times 10^{-5} R^{3.57} \tag{3.3.1}$$

2）1.0mm$< d < 3.0$mm 时：

$$f_{2ij} = 4.85 \times 10^{-4} R^{3.04} \tag{3.3.2}$$

3）$d \geqslant 3.0$mm 时：

$$f_{2ij} = 6.34 \times 10^{-5} R^{3.60} \tag{3.3.3}$$

式中　f_{2ij}——第 i 个测区第 j 个测位的砂浆强度值（MPa）；

d——第 i 个测区第 j 个测位的平均碳化深度（mm）；

R——第 i 个测区第 j 个测位的平均回弹值。

（4）计算测区砂浆抗压强度平均值

测区的砂浆抗压强度平均值，应按式（3.3.4）计算：

$$f_{2i} = \frac{1}{n_1} \sum_{j=1}^{n_1} f_{2ij} \tag{3.3.4}$$

1.6　强度推定

（1）计算检测单元强度平均值、标准差和变异系数

每一检测单元的强度平均值、标准差和变异系数，应按式（3.3.5）～式（3.3.7）计算：

$$\overline{x} = \frac{1}{n_2} \sum_{i=1}^{n_2} f_i \tag{3.3.5}$$

$$s = \sqrt{\frac{\sum_{i=1}^{n_2} (\overline{x} - f_i)^2}{n_2 - 1}} \tag{3.3.6}$$

$$\delta = \frac{s}{\overline{x}} \tag{3.3.7}$$

式中　$\overline{x}$——同一检测单元的强度平均值（MPa）；

n_2——同一检测单元的测区数；

f_i——测区的强度代表值；

s——同一检测单元，按 n_2 个测区计算的强度标准差（MPa）；

δ——同一检测单元的强度变异系数。

（2）在建或新建砌体工程砌筑砂浆抗压强度推定

对在建或新建砌体工程，当需推定砌筑砂浆抗压强度值时，按下列公式计算：

1）当测区 n_2 不小于 6 时，应取式（3.3.8）、式（3.3.9）中的较小值：

$$f_2' = 0.91 f_{2,\mathrm{m}} \tag{3.3.8}$$

$$f_2' = 1.18 f_{2,\min} \tag{3.3.9}$$

式中　f_2'——砌筑砂浆抗压强度推定值（MPa）；

$f_{2,\min}$——同一检测单元，测区砂浆抗压强度的最小值（MPa）。

2）当测区 n_2 小于 6 时，按式（3.3.10）计算：

$$f_2' = f_{2,\min} \tag{3.3.10}$$

（3）既有砌体工程砌筑砂浆抗压强度推定

1）按《砌体结构工程施工质量验收规范》GB 50203—2011 之前实施的有关规定修建时，应按下列公式计算：

① 当测区 n_2 不小于 6 时，应取式（3.3.11）、式（3.3.12）中的较小值：

$$f_2' = f_{2,\mathrm{m}} \tag{3.3.11}$$

$$f_2' = 1.33 f_{2,\min} \tag{3.3.12}$$

② 当测区 n_2 小于 6 时，按式（3.3.13）计算：

$$f_2' = f_{2,\min} \tag{3.3.13}$$

2）按《砌体结构工程施工质量验收规范》GB 50203—2011 的有关规定修建时，可按在建或新建砌体工程砌筑砂浆抗压强度推定的要求推定砌筑砂浆强度值。

小提示:)))

　　(1) 当砌筑砂浆强度检测结果小于 2.0MPa 或大于 15.0MPa 时，不宜给出具体检测值，可仅给出检测值范围 $f_2<2.0$MPa 或 $f_2>15.0$MPa。

　　(2) 砌筑砂浆强度应精确至 0.1MPa。

备忘录：

2. 贯入法

2.1　检测原理

　　贯入法检测是根据测钉贯入砂浆的深度和砂浆强度间的相关关系，采用压缩工作弹簧加荷，把一测钉贯入砂浆中，由测钉的贯入深度通过测强曲线来换算砂浆抗压强度的检测方法。

2.2　检测依据

　　(1)《建筑结构检测技术标准》GB/T 50344—2019。
　　(2)《贯入法检测砌筑砂浆抗压强度技术规程》JGJ/T 136—2017。

>> 3-3-4

贯入法砌筑砂浆
强度检测技术要求

2.3　检测仪器

　　贯入法检测砌筑砂浆抗压强度使用的仪器应包括贯入式砂浆强度检测仪（以下简称贯入仪，如图 3.3.1 所示）和数字式贯入深度测量表（以下简称贯入深度测量表）。

　　正常使用过程中，贯入仪应由校准机构进行校准，校准周期不宜超过一年。

　　当遇到下列情况之一时，仪器应进行校准：
　　(1) 新仪器启用前。
　　(2) 达到校准周期。
　　(3) 更换主要零件或对仪器进行过调整。
　　(4) 检测数据异常。
　　(5) 可能对检测数据产生影响时。

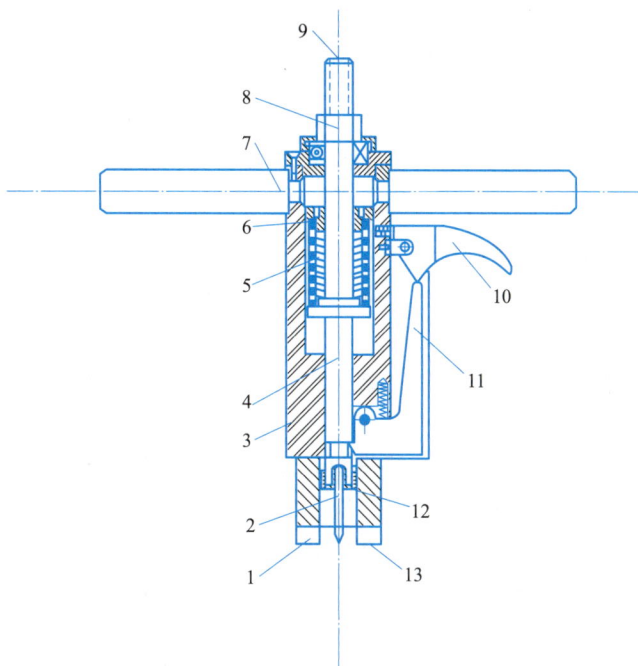

1-扁头；2-测钉；3-主体；4-贯入杆；5-工作弹簧；6-调整螺母；7-把手；
8-螺母；9-贯入杆外端；10-扳机；11-挂钩；12-贯入杆端面；13-扁头端面

图 3.3.1　贯入仪构造示意图

（6）累计贯入次数达到 10000 次。

2.4　适用范围

贯入法适用于砌体结构中砌筑砂浆抗压强度的现场检测；不适用于遭受高温、冻害、化学侵蚀、火灾等表面损伤砂浆的检测，以及冻结法施工砂浆在强度回升期的检测。

采用贯入法检测的砌筑砂浆应符合下列规定：

（1）自然养护。

（2）龄期为 28d 或 28d 以上。

（3）风干状态。

（4）抗压强度为 0.4～16.0MPa。

≫3-3-5

[QR code]

贯入法砌筑砂浆
强度检测步骤

2.5　测试步骤

（1）测点布置

1）检测砌筑砂浆抗压强度时，应以面积不大于 25m² 的砌体构件或构筑物为一个构件。

2）按批抽样检测时，应取龄期相近的同楼层、同来源、同种类、同品种和同强度等级的砌筑砂浆且不大于 250m³ 砌体为一批，抽检数量不应少于砌体总构件数的 30%，且不应少于 6 个构件。基础砌体可按一个楼层计。

3）被检测灰缝应饱满，其厚度不应小于 7mm，并应避开竖缝位置、门窗洞口、后砌洞口和预埋件的边缘。检测加气混凝土砌块砌体时，其灰缝厚度应大于测钉直径。

4）多孔砖砌体和空斗墙砌体的水平灰缝深度不应小于 30mm。

5）检测范围内的饰面层、粉刷层、勾缝砂浆、浮浆以及表面损伤层等应清除干净，使待测灰缝砂浆暴露并经打磨平整后再进行检测。

6）每一构件应测试 16 点。测点应均匀分布在构件的水平灰缝上，相邻测点水平间距不宜小于 240mm，每条灰缝测点不宜多于 2 点。

（2）贯入检测

1）贯入检测应按下列程序操作：

① 将测钉插入贯入杆的测钉座中，测钉尖端朝外，固定好测钉。

② 当用加力杠杆时，将加力杠杆插入贯入杆外端，施加外力使挂钩挂上。

③ 当用旋紧螺母加力时，用摇柄旋紧螺母，直至挂钩挂上为止，然后将螺母退至贯入杆顶端。

④ 将贯入仪扁头对准灰缝中间，并垂直贴在被测砌体灰缝砂浆的表面，握住贯入仪把手，扳动扳机，将测钉贯入被测砂浆中。

2）每次贯入检测前，应清除测钉上附着的水泥灰渣等杂物，同时用测钉量规核查测钉的长度，当测钉长度小于测钉量规槽时，应重新选用新的测钉。

3）操作过程中，当测点处的灰缝砂浆存在空洞或测孔周围砂浆有缺损时，该测点应作废，另选测点补测。

4）贯入深度的测量应按下列程序操作：

① 开启贯入深度测量表，将其置于钢制平整量块上，直至扁头端面和量块表面重合，使贯入深度测量表的读数为零。

② 将测钉从灰缝中拔出，用橡皮吹风器将测孔中的粉尘吹干净。

③ 将贯入深度测量表的测头插入测孔中，扁头紧贴灰缝砂浆，并垂直于被测砌体灰缝砂浆的表面，从测量表中直接读取显示值 d_i 并记录。

④ 直接读数不方便时，可按一下贯入深度测量表中的"保持"键，显示屏会记录当时的示值，然后取下贯入深度测量表读数。

⑤ 当砌体的灰缝经打磨仍难以达到平整时，可在测点处标记，贯入检测前用贯入深度测量表测读测点处的砂浆表面不平整度读数 d_i^0，然后再在测点处进行贯入检测，读取 d_i'，贯入深度应按式（3.3.14）计算：

$$d_i = d_i' - d_i^0 \qquad\qquad (3.3.14)$$

式中 d_i——第 i 个测点贯入深度值（mm），精确至 0.01mm；

d_i^0——第 i 个测点贯入深度测量表的不平整度读数（mm），精确至 0.01mm；

d_i'——第 i 个测点贯入深度测量表读数（mm），精确至 0.01mm。

⑥ 若仍采用最大量程为 20mm 的指针式贯入深度测量表，则贯入深度应按式（3.3.15）进行计算：

$$d_i = 20.00 - d_i' \qquad\qquad (3.3.15)$$

2.6 强度推定

（1）计算贯入深度平均值

检测数值中，应将 16 个贯入深度值中的 3 个较大值和 3 个较小值

»3-3-6

贯入法砌筑砂浆
强度检测强度推定

剔除，余下的 10 个贯入深度值应按式（3.3.16）取平均值：

第 i 个测区第 j 个测位的砂浆强度换算值，应根据该测位的平均回弹值和平均碳化深度值，按式（3.3.16）计算：

$$m_{d_j} = \frac{1}{10}\sum_{i=1}^{10} d_i \qquad (3.3.16)$$

式中　m_{d_j}——第 j 个构件的砂浆贯入深度代表值（mm），精确至 0.01mm；

d_i——第 i 个测点的贯入深度值（mm），精确至 0.01mm。

（2）计算构件砂浆抗压强度换算值

将构件的贯入深度代表值 m_{dj}，按不同砂浆品种由《贯入法检测砌筑砂浆抗压强度技术规程》JGJ/T 136—2017 附录 D、附录 F 查得其砂浆的抗压强度换算值 $f_{2,j}^c$。

（3）单个构件砌筑砂浆抗压强度推定值

当按单个构件检测时，该构件的砌筑砂浆抗压强度推定值应按式（3.3.17）计算：

$$f_{2,e}^c = 0.91 f_{2,j}^c \qquad (3.3.17)$$

式中　$f_{2,e}^c$——砂浆抗压强度推定值（MPa），精确至 0.1MPa；

$f_{2,j}^c$——第 j 个构件的砂浆抗压强度换算值（MPa），精确至 0.1MPa。

（4）按批抽检砌筑砂浆抗压强度推定值

1）同批砂浆强度平均值、标准差和变异系数，按式（3.3.18）～式（3.3.20）计算。

$$m_{f_2^c} = \frac{1}{n}\sum_{j=1}^{n_2} f_{2,j}^c \qquad (3.3.18)$$

$$s_{f_2^c} = \sqrt{\frac{\sum_{j=1}^{n}(m_{f_2^c} - f_{2,j}^c)^2}{n-1}} \qquad (3.3.19)$$

$$\eta_{f_2^c} = s_{f_2^c}/m_{f_2^c} \qquad (3.3.20)$$

式中　$m_{f_2^c}$——同批构件砂浆抗压强度换算值的平均值（MPa），精确至 0.1MPa；

$f_{2,j}^c$——第 j 个构件的砂浆抗压强度换算值（MPa），精确至 0.1MPa；

$s_{f_2^c}$——同批构件砂浆抗压强度换算值的标准差（MPa），精确至 0.01MPa；

$\eta_{f_2^c}$——同批构件砂浆抗压强度换算值的变异系数，精确至 0.01。

2）对于按批抽检的砌体，当该批构件砌筑砂浆抗压强度换算值变异系数不小于 0.3 时，则该批构件应全部按单个构件检测。

3）当按批抽检时，应按式（3.3.21）、式（3.3.22）计算，并取 $f_{2,e1}^c$ 和 $f_{2,e2}^c$ 中的较小值作为该批构件的砌筑砂浆抗压强度推定值 $f_{2,e}^c$：

$$f_{2,e1}^c = 0.91 m_{f_2^c} \qquad (3.3.21)$$

$$f_{2,e2}^c = 1.18 f_{2,\min}^c \qquad (3.3.22)$$

式中　$f_{2,e1}^c$——砂浆抗压强度推定值之一（MPa），精确至 0.1MPa；

$f_{2,e2}^c$——砂浆抗压强度推定值之二（MPa），精确至 0.1MPa；

$m_{f_2^c}$——同批构件砂浆抗压强度换算值的平均值（MPa），精确至 0.1MPa；

$f_{2,\min}^c$——同批构件中砂浆抗压强度换算值的最小值（MPa），精确至 0.1MPa。

>> 任务实施

根据任务书要求，以小组为单位制定工作方案。

回弹法检测砂浆抗压强度过程中所需表格见表3.3.3、表3.3.4。

>>3-3-7

任务分配表

回弹法检测砂浆抗压强度原始记录表 表 3.3.3

工程名称						委托单位						
仪器编号				仪器名称型号					率定值			
环境温度						检测日期						
检测依据												

测位	弹击点回弹值												碳化深度（mm）精确至0.5mm	备注
	1	2	3	4	5	6	7	8	9	10	11	12		
检测单元					测区				设计强度			碳化深度		
1														
2														
3														
4														
5														
检测单元					测区				设计强度			碳化深度		
1														
2														
3														
4														
5														
检测单元					测区				设计强度			碳化深度		
1														
2														
3														
4														
5														
检测单元					测区				设计强度			碳化深度		
1														
2														
3														
4														
5														

检测：　　　　　　　　　　　　　　　　　　　　　　　复核：

砂浆抗压强度贯入检测原始记录表　　　　　　表 3. 3. 4

工程名称				委托单位			
构件名称				检测依据			
砂浆种类		砂浆品种		砂浆设计强度等级		施工日期	
设备型号		设备编号		环境温度		检测日期	
序号	不平整度读数 d_i^0(mm)	贯入深度测量表读数 d_i'(mm)	贯入深度 d_i(mm)	序号	不平整度读数 d_i^0(mm)	贯入深度测量表读数 d_i'(mm)	贯入深度 d_i(mm)
1				9			
2				10			
3				11			
4				12			
5				13			
6				14			
7				15			
8				16			
备注							
贯入深度平均值 $m_{d_j} = \dfrac{1}{10}\sum_{i=1}^{10} d_i =$ 砂浆抗压强度换算值 $f_{2,j}^c =$							

检测：　　　　　　　　　　　　　　　　　　　　　复核：

>> 评价反馈

填写工作任务考核评价表。

>> 3-3-8

考核评价表

111

学习情境 3.4　砌体抗压强度检测

学习目标

通过学习情境的学习，会查阅相关规范，掌握原位轴压法、扁顶法、切制抗压试件法检测砌体抗压强度的方法及要求，能独立使用相关仪器设备采用原位轴压法、扁顶法、切制抗压试件法完成砌体抗压强度检测。

≫ 学习任务

某砌体结构住宅楼主体结构施工完成，某检测机构受建设单位委托，现需对承重砖墙进行抗压强度检测。接受委托后，查阅相关规范获取砌体抗压强度检测的有效信息，并按照规范要求采用原位轴压法、扁顶法、切制抗压试件法完成砌体抗压强度检测，规范填写原始记录表。任务完成后，按照现场管理规范清理场地、归还仪器设备、资料归档，并按照环保规定处置废弃物。

≫ 知识获取

1. 原位轴压法

1.1　检测原理

原位轴压法是通过专用液压系统对砖砌体现场施加压力直至槽间砌体轴压破坏，通过油压表的读数，按原位轴压仪的校验结果计算施加荷载，对砌体的力学性能进行现场原位检测。原位轴压法测试结果可以全面考虑砖、砂浆的变异和砌筑质量对砖砌体抗压强度的影响，能综合反映材料质量和施工质量。

1.2　检测依据

（1）《建筑结构检测技术标准》GB/T 50344—2019。
（2）《砌体工程现场检测技术标准》GB/T 50315—2011。
（3）《砌体结构工程施工质量验收规范》GB 50203—2011。

> 3-4-1

原位轴压法砌体
强度检测

1.3　检测仪器

原位压力机是原位轴压法的主要设备，它是砌体承受轴向压力的装置，整个设备装置如图 3.4.1 所示。原位压力机的主要技术性能指标，应符合表 3.4.1 的要求。

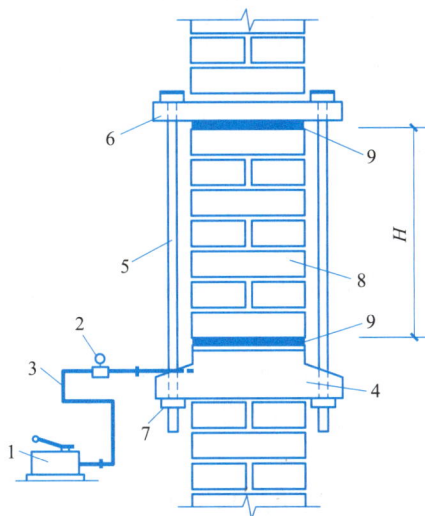

1-手动油泵；2-压力表；3-高压油管；4-扁式千斤顶；5-钢拉杆（共 4 根）；
6-反力板；7-螺母；8-槽间砌体；9-砂垫层；H-槽间砌体高度

图 3.4.1 原位压力机

原位压力机主要技术指标   表 3.4.1

项目	指标		
	450 型	600 型	800 型
额定压力（kN）	400	500	750
极限压力（kN）	450	600	800
额定行程（mm）	15	15	15
极限行程（mm）	20	20	20
示值相对误差（%）	±3	±3	±3

1.4 适用范围

原位轴压法适用于推定 240mm 厚普通砖砌体或多孔砖砌体的抗压强度。

1.5 测试步骤

（1）选择测试部位和测点

测试部位应具有代表性，并应符合下列要求：

1）测试部位宜选在墙体中部距楼、地面 1m 左右的高度处；槽间砌体每侧的墙体宽度不应小于 1.5m。

2）同一墙体上，测点不宜多于 1 个，且宜选在沿墙体长度的中间部位；测点多于 1 个时，其水平净距不得小于 2m。

3）测试部位不得选在挑梁下、应力集中部位以及墙梁的墙体计算高度范围内。

在测点上开凿水平槽孔时，应符合下列要求：

1）上、下水平槽的尺寸应符合表 3.4.2 的要求。

水平槽尺寸 表 3. 4. 2

名称	长度（mm）	厚度（mm）	高度（mm）
上水平槽	250	240	70
下水平槽	250	240	≥110

2）上、下水平槽孔应对齐。普通砖砌体，槽间砌体高度应为 7 皮砖；多孔砖砌体，槽间砌体高度应为 5 皮砖。

3）开槽时，应避免扰动四周的砌体；槽间砌体的承压面应修平整。

（2）安放原位压力机

在槽孔间安放原位压力机时，应符合下列要求：

1）在上槽内的下表面和扁式千斤顶的顶面，应分别均匀铺设湿细砂或石膏等材料的垫层，垫层厚度可取 10mm。

2）应将反力板置于上槽孔，扁式千斤顶置于下槽孔，同时安放四根钢拉杆，并使两个承压板上下对齐后，沿对角两两均匀拧紧螺母并调整其平行度；四根钢拉杆的上下螺母间的净距误差不应大于 2mm。

3）正式测试前，应进行试加荷载测试，试加荷载值可取预估破坏荷载的 10％。应检查测试系统的灵活性和可靠性，以及上、下压板和砌体受压面接触是否均匀密实。经试加荷载，测试系统正常后应卸荷，并开始正式测试。

（3）正式测试

正式测试时，应分级加荷。每级荷载可取预估破坏荷载值的 10％，并应在 1～1.5min 内均匀加完，然后恒载 2min。加荷至预估破坏荷载值的 80％后，应按原定加荷速度连续加荷，直至槽间砌体破坏。当槽间砌体裂缝急剧扩展和增多，油压表的指针明显回退时，槽间砌体达到极限状态。

测试过程中，发现上、下压板与砌体承压面因接触不良，致使槽间砌体呈局部受压或偏心受压状态时，应停止测试，并调整测试装置，重新测试；无法调整时，应更换测点。

测试过程中，应仔细观察槽间砌体初裂裂缝与裂缝开展情况，并记录逐级荷载下的油压表读数、测点位置、裂缝随荷载变化情况简图等。

1.6 数据分析

（1）槽间砌体的初裂荷载值和破坏荷载值计算

根据槽间砌体初裂和破坏时的油压表读数，应分别减去油压表的初始读数，并按原位压力机的校验结果，计算槽间砌体的初裂荷载值和破坏荷载值。

（2）槽间砌体的抗压强度值计算

槽间砌体的抗压强度，应按式（3.4.1）计算：

$$f_{uij} = \frac{N_{uij}}{A_{ij}} \tag{3.4.1}$$

式中　f_{uij}——第 i 个测区第 j 个测点槽间砌体的抗压强度（MPa）；

N_{uij}——第 i 个测区第 j 个测点槽间砌体的受压破坏荷载值（N）；

A_{ij}——第 i 个测区第 j 个测点槽间砌体的受压面积（mm²）。

（3）标准砌体抗压强度换算

槽间砌体抗压强度换算为标准砌体的抗压强度，应按式（3.4.2）、式（3.4.3）计算：

$$f_{mij} = \frac{f_{uij}}{\xi_{1ij}} \tag{3.4.2}$$

$$\xi_{1ij} = 1.25 + 0.60\sigma_{0ij} \tag{3.4.3}$$

式中　f_{mij}——第 i 个测区第 j 个测点标准砌体抗压强度换算值（MPa）；

　　　σ_{0ij}——该测点上部墙体的压应力（MPa），其值可按墙体实际所承受的荷载标准值
　　　　　　计算（N）；

　　　ξ_{1ij}——原位轴压法的无量纲的强度换算系数。

（4）测区砌体抗压强度平均值计算

测区的砌体抗压强度平均值，应按式（3.4.4）计算：

$$f_{mi} = \frac{1}{n_1} \sum_{j=1}^{n_1} f_{mij} \tag{3.4.4}$$

式中　f_{mi}——第 i 个测区的砌体抗压强度平均值；

　　　n_1——第 i 个测区的测点数。

2. 扁顶法

2.1　检测原理

扁顶法是在砖墙内开凿水平灰缝槽，此时应力释放，在槽内装入扁式液压千斤顶（简称扁顶）后进行应力恢复，根据应力释放和恢复的变形协调条件，可直接测得墙体受压工作应力 σ_0，并通过开两条槽放两扁顶测定槽口间砌体压缩变形（$\sigma\text{-}\varepsilon$）和破坏强度 σ_a，可求得砌体的弹性模量 E，并按照公式推出砌体的抗压强度。此时相当于一个原位标准砌体试件，并通过测定槽间砌体的抗压强度和轴向变形值确定其标准砌体抗压强度和弹性模量。

扁顶法的优点在于设备较为轻便、易于操作、直观可靠，并可使测定墙体受压工作应力、砌体弹性模量和砌体抗压强度一次完成。缺点在于扁顶的允许极限变形较小，不能在压缩变形较大的砌体中使用，同时使用时扁顶出力后鼓起，再次使用须将其压平，使用次数受到了一定的限制。

2.2　检测依据

（1）《建筑结构检测技术标准》GB/T 50344—2019。

（2）《砌体工程现场检测技术标准》GB/T 50315—2011。

（3）《砌体结构工程施工质量验收规范》GB 50203—2011。

2.3　检测仪器

扁顶法主要仪器设备为扁式液压千斤顶，整个设备装置如图 3.4.2 所示。

（1）扁式液压千斤顶

扁顶应由 1mm 厚合金钢板焊接而成，总厚度宜为 5～7mm，大面尺寸分别宜为

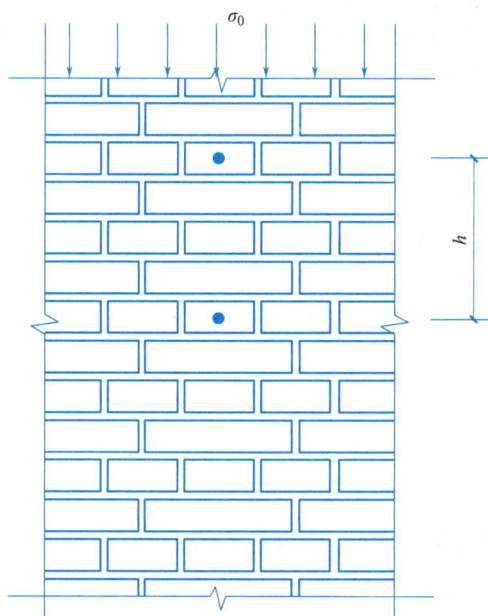

(a) 测试受压工作应力

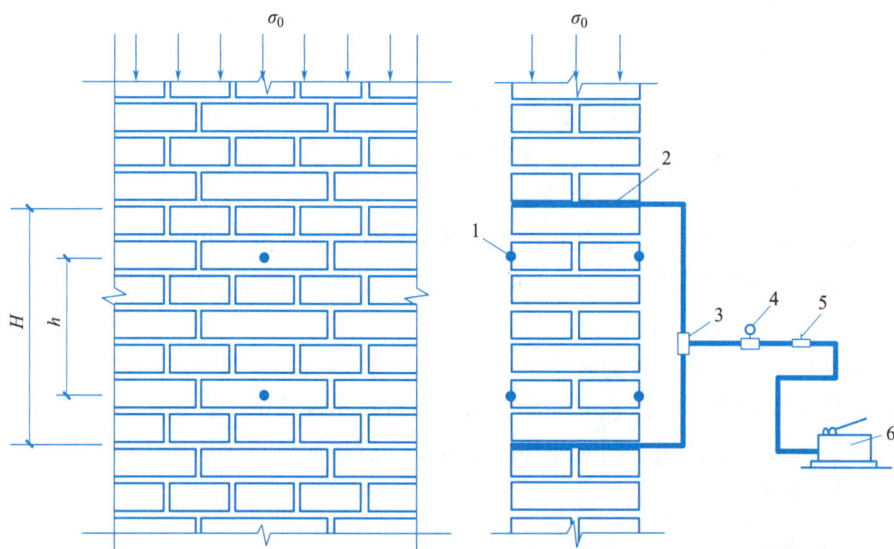

(b) 测试受压弹性模量、抗压强度

1-变形测量脚标（两对）；2-扁式液压千斤顶；3-三通接头；4-压力表；5-溢流阀；

6-手动油泵；H-槽间砌体高度；h-脚标之间的距离

图 3.4.2　扁顶法测试装置与变形测点布置

250mm×250mm、250mm×380mm、380mm×380mm 和 380mm×500mm。其中，250mm×250mm 和 250mm×380mm 的扁顶可用于 240mm 厚墙体，380mm×380mm 和 380mm×500mm 扁顶可用于 370mm 厚墙体。

扁顶的主要技术指标，应符合表 3.4.3 的要求。

扁顶主要技术指标　　　　　　　　　　　　　　　表 3.4.3

项目	指标
额定压力(kN)	400
极限压力(kN)	800
额定行程(mm)	10
极限行程(mm)	15
示值相对误差(%)	±3

（2）手持式应变仪和千分表

手持式应变仪和千分表的主要技术指标，应符合表 3.4.4 的要求。

手持式应变仪和千分表主要技术指标　　　　　　表 3.4.4

项目	指标
行程(mm)	1～3
分辨率(mm)	0.001

2.4　适用范围

扁顶法适用于原位检测普通砖和普通多孔砖砌体的抗压强度、古建筑和重要建筑的受压工作应力、砌体弹性模量以及火灾、环境侵蚀后砌体剩余的抗压强度。

2.5　测试步骤

扁顶法可以测定砌体结构的抗压强度、弹性模量和工作应力，在应用扁顶法时，须根据测试目的采用不同的试验步骤。测试记录内容应包括描绘测点布置图、墙体砌筑方式、扁顶位置、脚标位置、轴向变形值、逐级荷载下的油压表读数、裂缝随荷载变化情况简图等。

（1）选择测试部位

测试部位应具有代表性，并符合下列要求：

1）测试部位宜选在墙体中部距楼、地面 1m 左右的高度处；槽间砌体每侧的墙体宽度不应小于 1.5m。

2）同一墙体上，测点不宜多于 1 个，且宜选在沿墙体长度的中间部位；测点多于 1 个时，其水平净距不得小于 2m。

3）测试部位不得选在挑梁下、应力集中部位以及墙梁的墙体计算高度范围内。

（2）测试墙体的受压工作应力

测试墙体的受压工作应力时，应符合下列要求：

1）在选定的墙体上，应标出水平槽的位置，并牢固粘贴两对变形测量的脚标，如图 3.4.2(a) 所示。脚标应位于水平槽正中并跨越该槽；普通砖砌体脚标之间的距离应相隔 4 条水平灰缝，宜取 250mm；多孔砖砌体脚标之间的距离应相隔 3 条水平灰缝，宜取 270～300mm。

2）使用手持应变仪或千分表在脚标上测量砌体变形的初读数时，应测量 3 次，取其平均值。

3）在标出水平槽位置处，应剔除水平灰缝内的砂浆。水平槽的尺寸应略大于扁顶尺寸。开凿时不应损伤测点部位的墙体及变形测量脚标。槽的四周应清理平整，并应除去灰渣。

4）使用手持式应变仪或千分表在脚标上测量开槽后的砌体变形值时，应待读数稳定后再进行下一步测试工作。

5）在槽内安装扁顶，扁顶上下两面宜垫尺寸相同的钢垫板，并应连接测试设备的油路，如图 3.4.2 所示。

6）正式测试前，应进行试加荷载测试，试加荷载值可取预估破坏荷载值的 10%。应检查测试系统的灵活性和可靠性，以及上下压板和砌体受压面接触是否均匀密实。经试加荷载，测试系统正常后应卸荷，并应开始正式测试。

7）正式测试时，应分级加荷。每级荷载应为预估破坏荷载值的 5%，并在 1.5～2min 内均匀加完，恒载 2min 后应测读变形值。当变形值接近开槽前的读数时，应适当减小加荷级差，并应直至实测变形值达到开槽前的读数，然后卸荷。

（3）实测墙体的砌体抗压强度或受压弹性模量

实测墙体的砌体抗压强度或受压弹性模量时，应符合下列要求：

1）在完成墙体的受压工作应力测试后，应开凿第二条水平槽，上下槽应互相平行、对齐。当选用 250mm×250mm 扁顶时，普通砖砌体两槽之间的距离应相隔 7 皮砖；多孔砖砌体两槽之间的距离应相隔 5 皮砖。当选用 250mm×380mm 扁顶时，普通砖砌体两槽之间的距离应相隔 8 皮砖；多孔砖砌体两槽之间的距离应相隔 6 皮砖。遇有灰缝不规则或砂浆强度较高而难以凿槽时，可在槽孔处取出 1 皮砖，安装扁顶时采用钢制楔形垫块调整其间隙。

2）在槽内安装扁顶，扁顶上下两面宜垫尺寸相同的钢垫板，并应连接测试设备的油路，如图 3.4.2 所示。

3）正式测试前，应进行试加荷载测试，试加荷载值可取预估破坏荷载值的 10%。检查测试系统的灵活性和可靠性，以及上下压板和砌体受压面接触是否均匀密实。经试加荷载，测试系统正常后应卸荷，并应开始正式测试。

4）正式测试时，应分级加荷。每级荷载可取预估破坏荷载值的 10%，并应在 1～1.5min 内均匀加完，然后恒载 2min。加荷至预估破坏荷载值的 80% 后，应按原定加荷速度连续加荷，直至槽间砌体破坏。当槽间砌体裂缝急剧扩展和增多，油压表的指针明显回退时，槽间砌体达到极限状态。

5）当槽间砌体上部压应力小于 0.2MPa 时，应加设反力平衡架后再进行测试。当槽间砌体上部压应力不小于 0.2MPa 时，也宜加设反力平衡架后再进行测试。反力平衡架可由两块反力板和四根钢拉杆组成。

（4）测试砌体受压弹性模量

当测试砌体受压弹性模量时，应符合下列要求：

1）应在槽间砌体两侧各粘贴一对变形测量脚标，如图 3.4.2（b）所示，脚标应位于槽间砌体的中部。普通砖砌体脚标之间的距离应相隔 4 条水平灰缝，宜取 250mm；多孔砖砌体脚标之间的距离应相隔 3 条水平灰缝，宜取 270～300mm。测试前应记录标距值，并应精确至 0.1mm。

2）正式测试前，应反复施加 10％的预估破坏荷载值，其次数不宜少于 3 次。

3）测试时，应分级加荷，每级荷载可取预估破坏荷载值的 10％，并应在 1～1.5min 内均匀加完，然后恒载 2min。加荷至预估破坏荷载值的 80％后，应按原定加荷速度连续加荷，直至槽间砌体破坏。当槽间砌体裂缝急剧扩展和增多，油压表的指针明显回退时，槽间砌体达到极限状态。测试过程中应测记逐级荷载下的变形值。

4）累计加荷的应力上限不宜大于槽间砌体极限抗压强度的 50％。

（5）仅测定砌体抗压强度

当仅测定砌体抗压强度时，应同时开凿两条水平槽，并按本学习情境 2.5 中的要求进行测试。

思考：

学习本学习情境的内容后，完成表 3.4.5。

扁顶法各测试项目对比表   表 3.4.5

测试内容	水平灰缝槽数量	扁顶数量	备注
仅测定墙体的受压工作应力			
测定墙体的受压工作应力和砌体抗压强度			
仅测定墙内砌体抗压强度			

2.6 数据分析

（1）试验荷载值换算

进行数据分析时，应根据扁顶的校验结果，将油压表读数换算为试验荷载值。

（2）墙体受压工作应力

墙体的受压工作应力，应等于本学习情境 2.5 中的规定实测变形值达到开凿前的读数时所对应的应力值。

（3）砌体受压弹性模量

砌体在有侧向约束情况下的受压弹性模量，应按《砌体基本力学性能试验方法标准》GB/T 50129—2011 的有关规定计算；当换算为标准砌体的受压弹性模量时，计算结果应乘以换算系数 0.85。

（4）槽间砌体的抗压强度值计算

槽间砌体的抗压强度，应按式（3.4.5）计算：

$$f_{uij} = \frac{N_{uij}}{A_{ij}} \tag{3.4.5}$$

式中 f_{uij}——第 i 个测区第 j 个测点槽间砌体的抗压强度（MPa）；

N_{uij}——第 i 个测区第 j 个测点槽间砌体的受压破坏荷载值（N）；

A_{ij}——第 i 个测区第 j 个测点槽间砌体的受压面积（mm²）。

（5）标准砌体抗压强度换算

槽间砌体抗压强度换算为标准砌体的抗压强度，应按式（3.4.6）、式（3.4.7）计算：

$$f_{mij} = \frac{f_{uij}}{\xi_{1ij}} \tag{3.4.6}$$

$$\xi_{1ij} = 1.25 + 0.60\sigma_{0ij} \tag{3.4.7}$$

式中　f_{mij}——第 i 个测区第 j 个测点标准砌体抗压强度换算值（MPa）；

　　　σ_{0ij}——该测点上部墙体的压应力（MPa），其值可按墙体实际所承受的荷载标准值计算（N）；

　　　ξ_{1ij}——无量纲的强度换算系数。

（6）测区砌体抗压强度平均值计算

测区的砌体抗压强度平均值，应按式（3.4.8）计算：

$$f_{mi} = \frac{1}{n_1} \sum_{j=1}^{n_1} f_{mij} \tag{3.4.8}$$

式中　f_{mi}——第 i 个测区的砌体抗压强度平均值；

　　　n_1——第 i 个测区的测点数。

3. 切制抗压试件法

3.1　检测原理

切制抗压试件法是一种取样检测的方法。检测时，使用电动切割机，在砖墙上切割两条竖缝，竖缝间距可取 370mm 或 490mm，再人工取出与标准砌体抗压试件尺寸相同的试件，并运至实验室，进行砌体抗压测试，从而得出砌体的抗压强度。

切制抗压试件法的优点在于取样试件尺寸与标准抗压试件相同，检测结果不需要换算，能综合反映材料质量和施工质量，试验结果的直观性、可比性、可信性较强。对砌体结构本身除切取试件外，不形成其他附加的影响和结构破坏，墙体也易于修复补强。不足之处在于取样部位有较大的局部破损，需切割、搬运试件，且设备较重，现场取样时有水污染。

3.2　检测依据

（1）《建筑结构检测技术标准》GB/T 50344—2019。

（2）《砌体工程现场检测技术标准》GB/T 50315—2011。

（3）《砌体结构工程施工质量验收规范》GB 50203—2011。

3.3　检测仪器

（1）墙体竖向通缝切割机

切割墙体竖向通缝的切割机，应符合下列要求：

1）机架应有足够的强度、刚度、稳定性。

2）切割机应操作灵活，并应固定和移动方便。

3）切割机的锯切深度不应小于 240mm。

4）切割机上的电动机、导线及其连接的接点应具有良好的防潮性能。

5）切割机宜配备水冷却系统。

（2）长柱压力试验机

测试设备应选择适宜吨位的长柱压力试验机，其精度（示值的相对误差）不应大于2%。预估抗压试件的破坏荷载值，应为压力试验机额定压力的 20%～80%。

3.4 适用范围

切制抗压试件法适用于原位检测普通砖砌体、多孔砖砌体的抗压强度和环境侵蚀后砌体剩余的抗压强度。当宏观检查墙体的砌筑质量差或砌筑砂浆强度等级低于 M2.5（含M2.5）时，不宜选用切制抗压试件法。

3.5 测试步骤

（1）选择测试部位

测试部位应具有代表性，并符合下列要求：

1）测试部位宜选在墙体中部距楼、地面 1m 左右的高度处；槽间砌体每侧的墙体宽度不应小于 1.5m。

2）同一墙体上，测点不宜多于 1 个，且宜选在沿墙体长度的中间部位；测点多于 1个时，其水平净距不得小于 2m。

3）测试部位不得选在挑梁下、应力集中部位以及墙梁的墙体计算高度范围内。

（2）试验步骤

1）选取切制试件的部位后，应按《砌体基本力学性能试验方法标准》GB/T 50129—2011 的有关规定，确定试件高度 H 和试件宽度 b（图 3.4.3），并应标出切割线。在选择切割线时，宜选取竖向灰缝上、下对齐的部位。

2）在拟切制试件上、下两墙各钻 2 个孔，并应将拟切制试件捆绑牢固，也可采用其他适宜的临时固定方法。

3）将切割机的锯片（锯条）对准切割线，并垂直于墙面，然后应启动切割机，并应在砖墙上切出两条竖缝。切割过程中，切割机不得偏转和移位，并应使锯片（锯条）处于连续水冷却状态。

4）凿掉切制试件顶部一皮砖；应适当凿取试件底部砂浆，并应伸进撬棍，应将水平灰缝撬松动，然后应小心抬出试件。

5）试件搬运过程中，应防止碰撞，并应采取减小振动的措施。需要长距离运输试件时，宜用草绳等材料紧密捆绑试件。

6）试件运至试验室后，应将试件上下表面大致修理平整；应在预先找平的钢垫板上坐浆，然后应将试件放在钢垫板上；试件顶面应用 1∶3 水泥砂浆找平。试件上、下表面的砂浆应在自然养护 3d 后，再进行抗压测试。测量试件受压变形值时，应在宽侧面上粘贴安装百分表的表座。

7）量测试件截面尺寸时，除应符合《砌体基本力学性能试验方法标准》GB/T 50129—2011 的有关规定外，在量测长边尺寸时，还应除去长边两端残留的竖缝砂浆。

8）切制试件的抗压试验步骤，应包括试件在试验机底板上的对中方法、试件顶面找

121

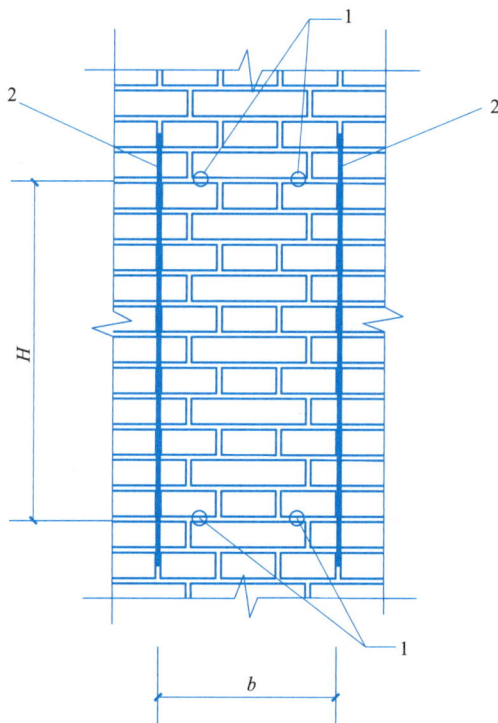

1-钻孔；2-切割线；H-试件高度；b-试件宽度

图 3.4.3　切制普通砖砌体抗压试件

平方法、加荷制度、裂缝观察、初裂荷载及破坏荷载等检测及测试事项，均应符合《砌体基本力学性能试验方法标准》GB/T 50129—2011 的有关规定。

3.6　数据分析

（1）单个切制试件抗压强度计算

单个切制试件的抗压强度，应按式（3.4.9）计算：

$$f_{uij} = \frac{N_{uij}}{A_{ij}}$$

（3.4.9）

式中　f_{uij}——第 i 个测区第 j 个测点槽间砌体的抗压强度（MPa）；

$\quad$ N_{uij}——第 i 个测区第 j 个测点槽间砌体的受压破坏荷载值（N）；

$\quad$ A_{ij}——第 i 个测区第 j 个测点槽间砌体的受压面积（mm^2）。

（2）测区砌体抗压强度平均值计算

测区的砌体抗压强度平均值，应按式（3.4.10）计算：

$$f_{mi} = \frac{1}{n_1} \sum_{j=1}^{n_1} f_{mij}$$

（3.4.10）

式中　f_{mi}——第 i 个测区的砌体抗压强度平均值；

$\quad$ n_1——第 i 个测区的测点数。

>> 任务实施

根据任务书要求，以小组为单位制定工作方案。

>> 3-4-2

任务分配表

原位轴压法、扁顶法检测砌体抗压强度原始记录见表 3.4.6。

原位轴压法、扁顶法检测砌体抗压强度原始记录表　　表 3.4.6

工程名称				砂浆设计强度等级				检测日期	
委托单位				块体设计强度等级				设备名称	
检测依据				块体、砂浆种类				设备编号	
测区编号	检测部位	墙厚(mm)	施工日期	开裂时		极限状态		砌体上部正应力(MPa)	强度换算系数	标准砌体抗压强度(MPa)
				开裂荷载(kN)	开裂强度(MPa)	极限荷载(kN)	极限强度(MPa)			
检测部位简图						备注				

检测：　　　　　　　　　　　　　　　　　　　　　复核：

>> 评价反馈

填写工作任务考核评价表。

>> 3-4-3

考核评价表

习题

一、单选题

1. 每一楼层且总量不大于（　　）的材料品种和设计强度等级均相同的砌体称为一个检测单元。

A. 200m³　　　　B. 250m³　　　　C. 300m³　　　　D. 350m³

2. 砖柱和宽度小于（　　）的承重墙，不应选用较大局部破损的检测方法。

A. 2.0m　　　　B. 2.5m　　　　C. 3.5m　　　　D. 3.6m

3. 原位双剪法、推出法，测点数不应少于（　　）个。

A. 1　　　　B. 2　　　　C. 3　　　　D. 5

4. 以下哪个方法不能检测砌体抗压强度？（　　）

A. 原位轴压法　　　　　　　　　B. 扁顶法

C. 钻芯法　　　　　　　　　　　D. 切制抗压试件法

5. 推出法不宜用于水平灰缝的砂浆饱满度低于（　　）的墙体。

A. 55%　　　　B. 60%　　　　C. 65%　　　　D. 70%

6. 砌体结构每一检测单元内，不宜少于（　　）个测区，应将单个构件（墙、柱）作为一个测区。

A. 3　　　　B. 5　　　　C. 6　　　　D. 10

7. 砖墙水平灰缝的砂浆饱满度不得低于（　　）。

A. 70%　　　　B. 75%　　　　C. 80%　　　　D. 85%

8. 下列砖砌体的水平灰缝厚度值满足规范要求的是（　　）。

A. 6mm　　　　B. 7mm　　　　C. 10mm　　　　D. 13mm

9. 砖回弹仪的钢砧率定值为（　　）。

A. 72±2　　　　B. 74±2　　　　C. 76±2　　　　D. 80±2

10. 在烧结砖回弹法中，每个测区的面积不宜小于（　　），选择的砖与砖墙边缘的距离应大于（　　）。

A. 1.0m², 200mm　　　　　　　B. 1.5m², 200mm

C. 1.0m², 250mm　　　　　　　D. 1.5m², 250mm

11. 在烧结砖回弹法中，每块砖的侧面上应均匀布置（　　）个弹击点。

A. 2　　　　B. 3　　　　C. 5　　　　D. 8

12. 在烧结砖回弹法中，每个检测单元中应随机选择（　　）个测区。

A. 5　　　　B. 10　　　　C. 15　　　　D. 20

13. 回弹法检测砖砌体的砌筑砂浆强度时，相邻两弹击点的间距不应小于（　　）mm。

A. 10　　　　B. 20　　　　C. 50　　　　D. 100

14. 在进行砂浆回弹试验中，测位宜选在承重墙的可测面上，并避开门窗洞口及预埋件等附近的墙体。墙面上每个测位的面积宜大于（　　）。

A. 0.1m²　　　　B. 0.2m²　　　　C. 0.3m²　　　　D. 0.4m²

15. 在砂浆回弹法中，每一测位孔内，应选择（　　）处灰缝，并采用工具在测区表面打凿出直径约为 10mm 的孔洞。

A. 1 　　　　　　　 B. 2 　　　　　　　 C. 3 　　　　　　　 D. 4

16. 在进行砂浆回弹法时，应在每个测位选择（　　）个测点。

A. 5 　　　　　　　 B. 10 　　　　　　 C. 12 　　　　　　 D. 15

17. 在利用贯入法检测砂浆抗压强度时，每一构件应测试（　　）个点。

A. 5 　　　　　　　 B. 10 　　　　　　 C. 16 　　　　　　 D. 20

18. 在利用贯入法检测砂浆抗压强度时，测点应均匀分布在构件的水平灰缝上，相邻测点水平间距不宜小于（　　）mm，每条灰缝测点不宜多于（　　）点。

A. 200，1 　　　　 B. 200，2 　　　　 C. 300，1 　　　　 D. 300，2

19. 对于普通砖砌体，原位轴压试验时，上、下水平槽孔应对齐，两槽之间相距（　　）皮砖。

A. 5 　　　　　　　 B. 6 　　　　　　　 C. 7 　　　　　　　 D. 8

20. 用于检测普通砖砌体的抗压强度的原位轴压法在（　　）条件下不适用。

A. 槽间砌体每侧的墙体宽度不应小于 1.5m

B. 同一墙体上的测点数量不宜多于 1 个

C. 限用于 240mm 砖墙

D. 限用于 250mm 的多孔砖墙

21. 原位轴压法测试部位宜选在墙体中部距楼、地面（　　）m 左右的高度处。

A. 0.5 　　　　　　 B. 1 　　　　　　　 C. 1.5 　　　　　　 D. 2

22. 原位轴压试验时，上、下水平槽内应分别放置（　　）。

A. 扁式千斤顶和反力板　　　　　　 B. 反力板和千斤顶

C. 扁式千斤顶和原位压力机　　　　 D. 原位压力机和反力板

23. 利用扁顶法实测墙体的砌体抗压强度或受压弹性模量时，当槽间砌体上部压应力小于（　　）MPa 时，应加设反力平衡架后再进行测试。

A. 0.1 　　　　　　 B. 0.2 　　　　　　 C. 0.3 　　　　　　 D. 0.4

24. 当宏观检查墙体的砌筑质量差或砌筑砂浆强度等级低于（　　）时，不宜选用切制抗压试件法。

A. M2.0 　　　　　 B. M2.5 　　　　　 C. M5.0 　　　　　 D. M7.5

25. 砌体工程现场检测方法中，检测砌体工作应力、弹性模量可采用（　　）。

A. 回弹法 　　　　 B. 贯入法 　　　　 C. 原位轴压法 　　　 D. 扁顶法

二、多选题

1. 砌体工程的现场检测方法，按测试内容进行分类，以下分类正确的有（　　）。

A. 检测砌体抗压强度：原位轴压法、扁顶法、切制抗压试件法

B. 检测砌体抗剪强度：原位单剪法、原位单砖双剪法

C. 检测砌筑砂浆强度：推出法、筒压法、砂浆片剪法、砂浆回弹法、点荷法

D. 检测砌体抗压强度：原位轴压法、推出法

E. 检测砌筑块体抗压强度：烧结砖回弹法、取样法

2. 砂浆回弹法不适用于推定（　　）情况下的砂浆抗压强度。

A. 高温　　　　　　　　　　　　　　B. 长期浸水

C. 环境侵蚀　　　　　　　　　　　　D. 火灾过后

E. 表面风化

3. 下列关于烧结砖回弹法说法中，正确的有（　　　）。

A. 在测试烧结砖时，在每块砖的侧面上应均匀布置 10 个弹击点

B. 选定弹击点时应避开砖表面的缺陷，相邻两弹击点的间距不应小于 20mm，弹击点离砖的边缘不应小于 20mm

C. 每一弹击点应只能弹击一次，回弹值读数应估读至 0.1；测试时，回弹仪应处于水平状态，其轴线应垂直于砖的侧面

D. 使用回弹仪之前，应对回弹仪进行率定

E. 应按照要求依次记录回弹的数值，并依次进行分类整理

4. 下列关于砂浆回弹法测位处理的说法中，正确的有（　　　）。

A. 粉刷层、勾缝砂浆、污物等应清除干净

B. 弹击点处的砂浆表面，应仔细打磨平整，并除去浮灰

C. 磨掉表面砂浆的深度应为 3～10mm

D. 磨掉的砂浆表面深度不应小于 5mm

E. 每一测位内，应选择 4 处灰缝，进行碳化深度测量

5. 原位轴压法测试时，所选测试部位应有代表性，但测试部位不得选在（　　　）。

A. 墙梁的墙体计算高度范围内　　　　B. 挑梁下

C. 应力集中部位　　　　　　　　　　D. 靠近门窗洞口边缘

E. 墙体中部

6. 在原位轴压法中，根据槽间砌体初裂和破坏时的油压读数，分别减去油压表的初始读数，按原位压力机的检验结果，可计算槽间砌体的（　　　）。

A. 破坏荷载值　　　　　　　　　　　B. 强度换算值

C. 砌体抗压强度平均值　　　　　　　D. 初裂荷载值

E. 弹性模量

7. 在原位轴压法、扁顶法中，正式测试前，应反复施加（　　　）的预估破坏荷载值。测试时，累计加荷应力上限不宜大于槽间砌体极限抗压强度的（　　　）。（请按顺序选择）

A. 5%　　　　　　B. 10%　　　　　　C. 20%　　　　　　D. 50%

E. 80%

8. 切制抗压试件法在检测时，使用电动切割机，在砖墙上切割两条竖缝，竖缝间距可取（　　　）或（　　　）。（请按顺序选择）

A. 200mm　　　　　B. 250mm　　　　　C. 350mm　　　　　D. 370mm

E. 490mm

9. 原位轴压法测试时，所选测试部位应有代表性，并符合（　　　）的规定。

A. 不宜在墙梁的墙体计算高度范围内

B. 槽间砌体每侧的墙体宽度不应小于 1.5m

C. 测试部位宜选在墙体中部距楼、地面 1m 左右的高度处

D. 宜在靠近门窗洞口边缘

E. 同一墙体布置测点多于 1 个时，其水平净距不得小于 3m

10. 扁顶法是采用扁式液压千斤顶在墙体上进行抗压试验，检测砌体（　　）的方法。

A. 受压应力　　　　B. 受拉应力　　　　C. 弹性模量　　　　D. 抗压强度

E. 剪应力

木结构检测

‹ 学习背景 ›

学习背景描述

　　木材是一种来自大自然的自然建材，它具有环保、纹理美观、自重轻、强度高、加工性好等优点，故千百年来一直受到人们的青睐。所谓的木结构是指通过榫卯手段或者各种金属连接件将木材进行连接和固定所形成的结构。然而，木材截面尺寸受到天然生长的限制，同时其生长过程中的节子、裂纹等降低了其原有强度，它的这些缺点限制了传统木结构的应用。近代胶合木结构的出现，克服了木材易燃、易腐蚀及虫蛀等缺点，同时提高了其外观品质，扩大了木结构的应用范围。

　　木结构现场检测应分为在建木结构工程的质量检测和既有木结构工程的结构性能检测。按照《木结构现场检测技术标准》JGJ/T 488—2020 行业标准将本学习领域分为木材性能检测及木结构房屋现场检测两个学习情境。

学习目标

　　(1) 知识目标：了解木材的基本性能；掌握木材性能的基本检测及木结构房屋现场检测的基本内容；掌握木结构房屋检测的方法、仪器、规范；掌握木结构房屋的检测流程、原理及检测数据处理方法。

　　(2) 能力目标：能独立使用相关仪器设备完成木材性能检测及木结构房屋的基本检测；能规范填写检测原始记录表。

　　(3) 素质目标：培养学生工程结构检测中严格遵守规范的质量意识；培养学生检测过程中不辞辛苦的劳动精神；培养学生检测报告实事求是的诚信意识；培养学生任务完成后按照现场管理规范清理场地、归还仪器设备、资料归档，并按照环保规定处置废弃物的职业素养。

📄 项目概况

(1) 工程名称：××庙复建项目。
(2) 建设单位：××市××县××局。
(3) 设计单位：××建筑规划设计有限公司。
(4) 勘察单位：××地质工程勘察院。
(5) 施工单位：××建设集团股份有限公司。
(6) 监理单位：××监理有限责任公司。
(7) 建设地点：××市××县。
(8) 建筑面积：749.05m²。
(9) 建筑层数：地上2层。
(10) 建设高度：8.34m。
(11) 结构类型：砖木混合结构。
项目施工图见项目图纸-项目4。

4-0-1
项目图纸

工匠鼻祖

　　鲁班，春秋时期鲁国人，中国土木工匠的鼻祖，"鲁班精神"已成为中国工匠精神的代名词。据古籍记载，木工使用的不少工具器械，如曲尺（也叫矩或鲁班尺）、墨斗、刨子、钻子、锯子等工具都是鲁班发明的。他的每一件发明都是他在劳动生活中获得的灵感启发，并反复实践的结果。这位土木鼻祖以"作而行之"的实践精神，将自然灵感淬为万世匠法，以极致匠心奠定华夏工匠精神基石——技精于勤，器成于执，千年匠魂至今铮鸣。

🎯 知识导入

1. 木材性能检测

木材性能检测可分为木材物理性能检测和木材力学性能检测。

木材物理性能检测主要检测木材的含水率、密度等。木材含水率的抽检和判定规则应按《木结构工程施工质量验收规范》GB 50206—2012的规定进行；木材含水率的测定方法应按《无疵小试样木材物理力学性质试验方法 第4部分：含水率测定》GB/T 1927.4—2021的规定进行；木材密度的测定方法应按《无疵小试样木材物理力学性质试验方法 第5部分：密度测定》GB/T 1927.5—2021的规定进行。

木材力学性能检测包括抗弯强度、抗弯弹性模量、顺纹抗剪强度、顺纹抗压强度等检测项目。具体可依据《木结构工程施工质量验收规范》GB 50206—2012的规定进行；检测方法应按照《无疵小试样木材物理力学性质试验方法 第9部分：抗弯强度测定》GB/T 1927.9—2021的规定进行。

2. 木结构房屋现场检测

木结构房屋现场检测包括尺寸偏差与变形检测、缺陷检测、防护性能检测以及连接节点质量检测。

尺寸偏差与变形检测可分为构件尺寸及偏差、倾斜、挠度等检测项目；木构件缺陷检测应分为裂缝、腐朽、虫蛀等项目；木构件防护性能的现场检测应包括药剂有效成分的载药量和透入度两项指标；木结构的连接可分为榫卯连接检测、螺栓连接检测、植筋连接检测以及金属连接件检测。

思维导图

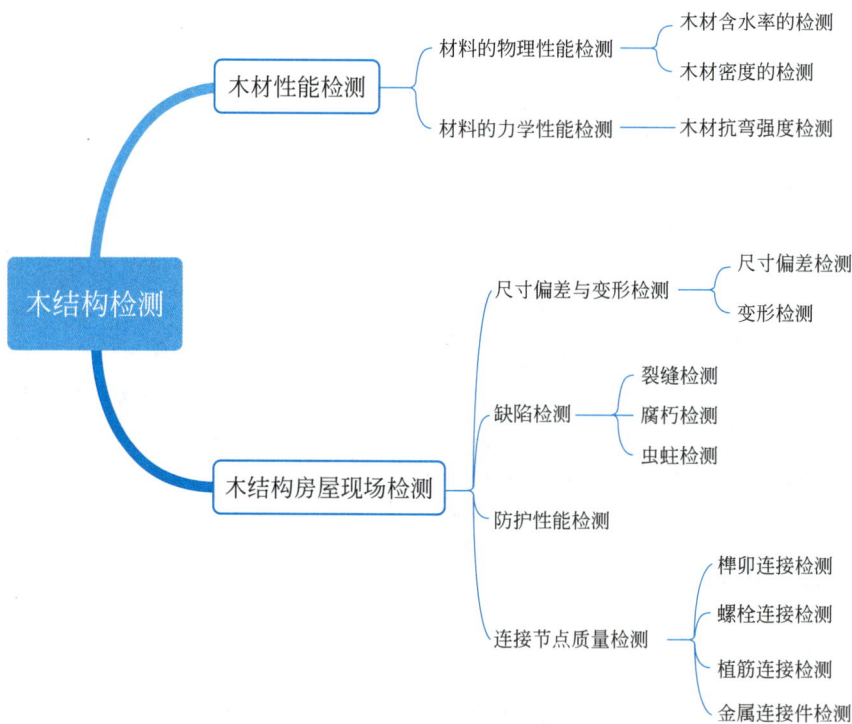

‹ 学习情境 4.1　木材性能检测 ›

▶▶ 学习目标

通过学习情境的学习，会查阅相关规范，掌握木材的含水率检测、密度检测以及木材抗弯强度等检测方法及要求，能独立使用相关仪器设备完成木材含水率、密度、抗弯强度检测。

▶▶ 学习任务

某工地进场一批木材，现需对这批木材进行含水率、密度及抗弯强度的检测。某检测机构接受委托后，查阅相关规范获取木材含水率、密度、抗弯强度检测等有效信息，并按照规范要求完成含水率、密度和抗弯强度检测，规范填写原始记录。任务完成后，按照现场管理规范清理场地、归还仪器设备、资料归档，并按照环保规定处置废弃物。

木上乾坤

　　木材承载着中国建筑的文明基因，北宋李诫《营造法式》以"材分制"缔造了古代营建的数学密码。其制以材为祖：标准构件"材"高 15 分、宽 10 分，斗栱层间 6 分称"栔"。柱梁枋槫等大木作构件，皆依此模数精密定型——如"以材定分"设计应县木塔斗栱，误差不及发丝。这种公元 12 世纪的预制装配体系，比西方模数化早八百年。材栔相契，分寸成法，一部法典写尽"木上乾坤"的营造哲学。

▶▶ 知识获取

作为木结构的主要承重材料，木材本身的性能会直接影响木结构的性能。木材的性能检测包括物理性能检测和力学性能检测。

1. 材料的物理性能检测

1.1　木材含水率的检测

（1）木材含水率

正常状态下的木材及其制品，都会有一定数量的水分，木材中所含水分的质量与绝对干燥后木材质量的百分比值，称为木材的含水率。木材的含水率将会直接影响到木结构构件的内在品质。当木结构构件的使用达到平衡含水率后，这时候的木材最不容易发生开裂变形。

木材含水率的测定可分为烘干法和电测法。烘干法是通过不同状态条件下木材试样的质量变化来测定含水率，电测法是根据木材中水分含量与电导（或电阻）关系来测定含水率。烘干法测量精确，只能在实验室进行，电测法可用于现场检测，但测量精度低于烘干法。本节重点介绍烘干法。

（2）检测依据

1）《无疵小试样木材物理力学性质试验方法 第4部分：含水率测定》GB/T 1927.4—2021。

2）《木结构工程施工质量验收规范》GB 50206—2012。

3）《木结构现场检测技术标准》JGJ/T 488—2020。

（3）试验设备

1）天平精度应达到0.001g。

2）烘箱应能保持在（103±2）℃。

3）玻璃干燥器和称量瓶。

（4）试验取样与处理

1）每栋建筑为一个检验批，每个检验批中每一树种的构件取样数量不应少于5根，每一树种的构件数量在5根以下时，全部取样。

2）每根构件应沿截面均匀截取5个尺寸为20mm×20mm×20mm的试样，应按照有关规定测定每个试件中的含水率，以每根构件5个试件含水率的平均值作为木材含水率的代表值。

3）现场取样时应避免承重构件受损，宜在相同材质的非承重构件或附属木构件上取样。

4）电测法测定含水率时，应从检验批的同一树种、同一规格、同一批木构件随机抽取5根为试样，应在每根构件距两端200mm处及中部设置测试部位。对于规格材或者其他木构件，应在每个测试部位的四个面中部测定含水率；对于胶合木结构，应在构件两侧测定每层层板的含水率。

（5）试验步骤

1）取到的试样应先编号，尽快称量其质量m_1，精确至0.001g。

2）将同批试验取得的含水率试样，一并放入烘箱内，在（103±2）℃的温度下烘8h后，从中选定2～3个试样进行一次试称，以后每隔2h称量所选试样一次，至最后两次称量之差不超过试样质量的0.5%时，即认为试样达到全干。

3）用干燥的镊子将试件从烘箱中取出，放入装有干燥剂的玻璃干燥器内的称量瓶中，盖好称量瓶和干燥器盖。

4）试样冷却至室温后，用干燥的镊子自称量瓶中取出称取其质量m_0。

5）如试样为含有较多挥发物质（树脂、树胶等）的木材等时，为避免用烘干法测定的含水率产生过大误差，宜改用真空干燥法测定。

（6）试验结果处理

试样的含水率按式（4.1.1）计算，精确至0.1%。

$$W = \frac{m_1 - m_0}{m_0} \times 100\% \qquad (4.1.1)$$

式中　W——试样含水率（%）；

　　　m_1——试样试验时的质量（g）；

　　　m_0——试样全干时的质量（g）。

（7）结果评定

1）各类构件制作及进场时木材的平均含水率应符合下列规定：

① 原木或方木不应大于 25%。

② 板材及规格材不应大于 20%。

③ 受拉构件的连接板不应大于 18%。

④ 处于通风条件不畅环境下的木构件的木材，不应大于 20%。

⑤ 层板胶合木构件平均含水率不应大于 5%，同一构件各层板间含水率差别不应大于 5%。

2）对既有木结构现场检测时，其含水率测定值的最大值不宜大于当地的平衡含水率。

1.2　木材密度的检测

（1）木材密度

木材密度是指单位体积内木材的质量，又称木材容积重或容重，单位为 g/cm³ 或 kg/m³。木材是一种多孔性物质，计算木材密度时，木材体积包括了其空隙的体积。木材的密度除极少树种外，通常都小于 1g/cm³。木材密度与其他物质密度是有着本质区别的，两者不能混同。

木材中水分含量的变化会引起质量和体积的变化，使木材密度值发生变化。根据木材在生产、加工过程中不同阶段的含水特点，木材密度分为以下四种，常用的是木材基本密度和气干密度：

1）基本密度：全干材质量除以饱和水分时木材的体积。

2）生材密度：生材质量除以生材的体积。

3）气干密度：气干材质量除以气干材体积。

4）全干材密度：木材经人工干燥，使含水率为零时的木材密度，又称绝干密度。

（2）木材密度的测定

木材密度大小反映出木材细胞壁中物质含量的多少，是木材性质的一个重要指标，所以木材密度的测定具有重要意义。

任一含水率状态下的木材，测出其质量和体积，就可计算出它的密度。由于木材质量易于测定，且比较准确，因此关键在于精确测定木材试样的体积，《无疵小试样木材物理力学性质试验方法 第 5 部分：密度测定》GB/T 1927.5—2021 中规定密度检测试样尺寸为 20mm×20mm×20mm，当一树种试样的年轮宽度在 4mm 以上时，试样尺寸应增大至 50mm×50mm×50mm。木材密度检测也可使用不规则试样，应采用排水法测量体积。现场检测木材密度可采用阻力仪检测法，且采用阻力仪检测法检测木材密度时，宜采用现场取样试验进行修正。

备忘录：

| |
| |
| |
| |
| |
| |
| |
| |

2. 材料的力学性能检测

木结构中，主要由木构件承受荷载，所以木构件的力学性能直接决定了木结构承受荷载的能力，也能直接影响木结构的安全性能。

当木材的材质或外观与同类木材有显著差异时，或树种和产地判别不清时，可取样检测木材力学性能，以确定木材的强度等级。木结构工程质量检测涉及的木材力学性能可分为抗弯强度、抗弯弹性模量、顺纹抗剪强度、顺纹抗压强度等检测项目。

2.1 木材抗弯强度检测

（1）检测原理

在试样长度中央以均匀速度加荷至破坏，以求出木材的抗弯强度。

（2）检测依据

1）《无疵小试样木材物理力学性质试验方法 第 2 部分：取样方法和一般要求》GB/T 1927.2—2021。

2）《无疵小试样木材物理力学性质试验方法 第 1 部分：试材采集》GB/T 1927.1—2021。

3）《无疵小试样木材物理力学性质试验方法 第 9 部分：抗弯强度测定》GB/T 1927.9—2021。

（3）试验设备

1）试验机测定荷载的精度至 1%，试验装置的支座及压头端部的曲率半径为 30mm，两支座间距离应为 240mm。

2）测试量具应能精确至 0.1mm。

3）含水率检测的试验设备。

（4）试验取样与制作

1）采用现场取样法进行木材抗弯强度检测，应符合下列规定：

① 取样时每栋建筑应为一个检验批，每个检验批中每一树种的构件取样数量应为 3 根，每根构件应在髓心外切取 3 个无疵弦向抗弯强度试件为一组。

② 除有特殊检测目的外，木材试样应无缺陷、损伤及木节。

2）试样制作

① 试材锯解及试样截取按《无疵小试样木材物理力学性质试验方法 第 2 部分：取样方法和一般要求》GB/T 1927.2—2021 规定进行。

② 试样尺寸为 300mm×20mm×20mm，长度为顺纹方向。试样制作要求和检查、试样含水率的调整分别按《无疵小试样木材物理力学性质试验方法 第 2 部分：取样方法和一般要求》GB/T 1927.2—2021 规定进行。允许与抗弯弹性模量的测定用同一试样，先测定弹性模量后进行抗弯强度试验。

（5）试验步骤

1）抗弯强度只做弦向试验，在试样长度中央测量径向尺寸为宽度，弦向为高度，精确至 0.1mm；

2）采用中央加荷，将试样放在试验装置的两支座上，在支座间试样中部的径面以均匀速度加荷，在 1～2min 内使试样破坏（或将加荷速度设定为 5～10mm/min），记录破坏荷载，精确至 10N；

3）试验后立即在试样靠近破坏处截取约 20mm 长的木块一个，测定试样含水率。

（6）结果计算

试样含水率为 W 时的抗弯强度按式（4.1.2）计算，精确至 0.1MPa。

$$\sigma_{b,w} = \frac{3P_{max}l}{2bh^2} \tag{4.1.2}$$

式中　$\sigma_{b,w}$——试样含水率为 W 时的抗弯强度（MPa）；

$\quad\quad P_{max}$——最大荷载（N）；

$\quad\quad l$——两支座间测试跨距（mm）；

$\quad\quad b$——试样宽度（mm）；

$\quad\quad h$——试样高度（mm）。

试样含水率为 12% 时的抗弯强度按式（4.1.3）计算，精确至 0.1MPa。

$$\sigma_{b,12} = \sigma_{b,w}[1 + 0.04(W - 12)] \tag{4.1.3}$$

式中　$\sigma_{b,12}$——试样含水率为 12% 时的抗弯强度，（MPa）；

$\quad\quad W$——试样含水率（%）；试样含水率在 7%～17% 范围内按式（4.1.3）计算有效。

（7）结果评定

以同一构件 3 个试样换算抗弯强度的平均值作为代表值，取 3 个代表值中的最小代表值。按表 4.1.1 评定木材的强度等级。

木材抗弯强度试验平均值中的最低值　　　　　　　　　　表 4.1.1

木材种类	针叶林				阔叶林				
强度等级	TC11	TC13	TC15	TC17	TB11	TB13	TB15	TB17	TB20
最低强度（N/mm²）	44	51	58	72	58	68	78	88	98

≫ 任务实施

根据任务书要求，以小组为单位制定工作方案。

>> 4-1-1

任务分配表

完整记录含水率、抗弯强度试验检测过程，见表4.1.2、表4.1.3。

含水率检测原始记录表　　　　　　　　　　　　表 4.1.2

树种：　　　　　　　　　　　　　　　　　　　　　　　　　产地：

试样编号	试验时试样质量(g)	全干试样质量(g)	含水率(%)	备注
检测日期：	测定：	计算：	审核：	

抗弯强度检测原始记录表　　　　　　　　　　　表 4.1.3

树种：　　　　　　产地：　　　　　　温度：　　　　　　湿度：

试样编号	试样尺寸(mm)		破坏荷载(N)	试样质量(g)		备注
	宽度	高度		试验时	全干时	
检测日期：	测定：		计算：		审核：	

>> 评价反馈

填写工作任务考核评价表。

>> 4-1-2

考核评价表

◁ 学习情境 4.2 木结构房屋现场检测 ▷

≫ 学习目标

通过学习情境的学习，会查阅相关规范，掌握木结构尺寸偏差与变形检测、缺陷检测、防护性能检测以及连接节点质量检测，能独立选择并使用相关仪器设备采用相应的检测方法完成木结构的现场检测，进行数据记录并最终完成检测报告。

≫ 学习任务

某景点新建一栋木结构房屋，某检测机构受建设单位委托，现需对该结构进行现场质量检测。接受委托后，查阅相关有效信息，并按照规范要求分别对木结构构件进行尺寸偏差与变形检测、缺陷检测、防护性能检测与连接节点质量检测，规范填写检测原始记录表。任务完成后，按照现场管理规范清理场地、归还仪器设备、资料归档，并按照环保规定处置废弃物。

构木为巢

《列子·黄帝篇》中记载："有巢氏，人知巢穴之利，不知筑巢之理"。其中"筑巢"即指用构木为巢。在最原始的古代，我们的祖先就聪明地开始使用木材构屋遮风避雨，在距今约 7000 年的河姆渡文化遗址中，传统木结构建筑标志性的榫卯技术就已经出现。木结构营造技艺一直传承至今，2009 年被联合国教科文组织列入人类非物质文化遗产名录。

≫ 知识获取

木结构现场检测应分为在建木结构工程的质量检测和既有木结构工程的结构性能检测。

本学习情境主要学习尺寸偏差与变形检测、缺陷检测、防护性能检测与连接节点质量检测。

1. 尺寸偏差与变形检测

1.1 尺寸偏差检测

（1）仪器设备

1）木结构构件制作偏差可采用塞尺、靠尺、钢尺等进行检测，圆度测量时，钢尺量程应大于所测构件的直径。

2）用于木构件制作偏差检测量具精度不应小于 1mm。

3）对于难以直接测量截面尺寸的木构件，检测其尺寸及偏差时，可采用三维激光扫描仪或全站仪等仪器测量。

4）对于设计、施工阶段采用建筑信息化模型技术的木结构建筑，在检测其尺寸及偏差时，可采用三维激光扫描仪结合建筑信息化模型进行测量。

（2）尺寸与偏差检测规定

1）对于等截面构件和截面尺寸均匀变化的变截面构件，应分别在构件的中部和两端量取截面尺寸，按照实测值作为构件截面尺寸的代表值。

2）对于不均匀变化的变截面构件，应选取构件端部、截面突变的位置量取截面尺寸，取构件尺寸实测最小值作为该构件截面尺寸的代表值。

3）应将每个测点的尺寸实测值与设计图纸规定的尺寸进行比较，计算每个测点尺寸偏差值。

4）截面尺寸及偏差测量时，应同时对所测构件的含水率进行检测。

1.2 变形检测

（1）仪器设备

1）木结构或构件变形检测可采用水准仪、经纬仪、全站仪等仪器。

2）用于木结构或构件变形的测量仪器及其精度应符合《建筑变形测量规范》JGJ 8—2016 的有关规定，精度不应低于三级。

（2）变形检测规定

1）变形检测可分为结构整体垂直度、构件垂直度、弯曲变形、跨中挠度等项目。

2）在对木结构或构件变形检测前，宜局部清除饰面层。当构件各测试点饰面层厚度接近，且不影响评定结果时，可不清除饰面层。

3）测量木结构整体或构件倾斜宜采用全站仪，检测应符合下列规定：

① 仪器应架设在倾斜方向线上照准目标 1.5~2.0 倍目标高度的固定位置。

② 木结构整体倾斜观测点及底部固定点应沿着对应测站点的建筑主体竖直线，在顶部和底部上下对应布置；对于分层倾斜，应按分层部位上下对应布置。

③ 木结构整体或构件倾斜，应测量顶部相对底部的水平位移分量与高差，并计算垂直度及倾斜方向。

④ 对于上下两端直径不同的木构件，考虑其直径大小头的特殊性，应分别选取顶部中心相对于底部中心的水平位移分量，通过实测水平距离计算构件倾斜量。

4）测量木构件的挠度，宜采用全站仪或拉线法，检测应符合下列规定：

① 木构件挠度观测点应沿构件的轴线或边线布设，分别在支座及跨中位置布置测点，每一构件不得少于 3 个测点。

② 当使用全站仪检测时，应在现场光线具备观测条件下进行。

③ 应避免在测试结构或现场测试场地存在振动干扰时进行全站仪检测。

5）当采用激光扫描测量方法进行木结构建筑位移观测时，应符合下列规定：

① 基准点应设置在变形区域外，数量不少于 4 个且应分布均匀。基准点的坐标应采用全站仪，按《建筑变形测量规范》JGJ 8—2016 关于工作基点测量的要求进行测定。

② 基准点和监测点应设置标靶，并采用与激光扫描仪配套的标靶。标靶布设应牢固可靠，宜采用遮光防水膜保护，每次测量后应及时遮盖。

③ 当采用激光扫描测量进行变形观测时，除应提交各类变形测量成果图表外，还应提交下列资料：

　a. 激光扫描监测点、基准点及测站分布图。

　b. 激光扫描标靶成果及处理记录。

　c. 坐标转换成果及处理记录。

　d. 激光扫描点云数据。

2. 缺陷检测

木构件缺陷检测应分为裂缝、腐朽、虫蛀等项目。木构件缺陷程度的分级应按表 4.2.1 的规定进行。

木结构缺陷程度分级　　　　　　　　　　　　　　表 4.2.1

缺陷分级	状态
0	材质完好
1	轻微腐朽或虫蛀
2	明显腐朽或虫蛀
3	严重腐朽或虫蛀
4	腐朽或虫蛀至损毁程度

木构件外观缺陷应按《木结构工程施工质量验收规范》GB 50206—2012 的有关规定进行分类并判定其严重程度。

2.1　裂缝检测

（1）现场检测时，宜对受检范围内构件外观缺陷进行全数检查；当不具备全数检查条件时，应注明未检查的构件或区域。

（2）木构件裂缝宽度检测应符合下列规定：

1）当木构件裂缝处在外表面部位时，表面裂缝宽度可直接采用塞尺或直尺进行测量。

2）当木构件裂缝处在隐蔽或不利于操作检查的部位时，裂缝宽度宜采用阻力仪法或 X 射线法进行检测。

（3）木构件裂缝深度检测应符合下列规定：

1）采用超声波法检测裂缝深度时，被测裂缝不得有积水和泥浆等杂质。

2）采用 X 射线检测法检测裂缝深度时，射线透照方向宜与裂缝深度方向垂直。

（4）构件裂缝长度宜采用钢尺或卷尺量测。

（5）构件外观缺陷检测结果应用列表或图示方法表述，并反映外观缺陷在受检范围内的分布特征。

2.2　腐朽检测

（1）检测方法

1）木构件表面腐朽可通过目测法判断腐朽程度，目测法可用肉眼观察或尺规测量。

2）内部腐朽检测宜采用探针检测法、阻力仪检测法、应力波检测法以及 X 射线检测法等破坏性检测方法。

3）对接触地面或长期处于潮湿环境下的木构件应全数检测。对单根构件检测宜从柱底开始，在距柱底 1000mm 范围内，检测部位间隔宜取 200mm；距柱底 1000mm 以上部位，检测部位间隔宜取 500mm。每个部位应至少从 2 个方向检测，直至检测到无腐朽为止。

4）对非接触地面的木构件，检测数量不宜少于 3 个构件，目视判断或疑似有腐朽的情况下，应从有腐朽的部位开始，向长度方向的两侧延伸，延伸间隔宜取 200mm。每个部位应至少从 2 个方向检测，直至检测到无腐朽为止。

（2）探针检测法

1）探针检测法可用于表层 0～40mm 范围的木材内部腐朽检测，同一木构件在腐朽和未腐朽部位应分别进行探针检测，且检测方向应相同，同一部位应设置不少于 3 个检测点。腐朽程度的探针分级应按表 4.2.2 的规定执行。

腐朽程度的探针检测分级　　　　表 4.2.2

缺陷分级	探针打入深度增加率 R_P（％）
0	$R_P = 0$
1	$0 < R_P \leqslant 25$
2	$25 < R_P \leqslant 60$
3	$60 < R_P \leqslant 90$
4	$R_P > 90$

2）应根据腐朽部位的探针打入深度计算探针打入深度增加率。探针打入深度增加率应按式（4.2.1）计算，精确到 0.1％：

$$R_P = \frac{L_1 - L_0}{L_0} \times 100\%$$ （4.2.1）

式中　R_P——探针打入深度增加率（％）；

L_0——未腐朽部位的探针打入深度（mm）；

L_1——腐朽部位的探针打入深度（mm）。

（3）阻力仪检测法

1）阻力仪检测法可用于 0～500mm 范围的深层腐朽检测。腐朽程度的阻力仪检测法分级应按表 4.2.3 的规定判定。

腐朽程度的阻力仪检测法分级　　　　表 4.2.3

缺陷分级	阻力值降低率 R_r（％）
0	$R_r = 0$
1	$0 < R_r \leqslant 15$
2	$15 < R_r \leqslant 25$
3	$25 < R_r \leqslant 35$
4	$R_r > 35$

2）应根据腐朽部位的阻力平均值和未腐朽部位阻力平均值计算阻力值降低率。阻力值降低率应按式（4.2.2）计算，精确到0.1%：

$$R_r = \frac{r_0 - r_1}{r_0} \times 100\%$$ （4.2.2）

式中 R_r——阻力值降低率（%）；

    r_0——未腐朽部位阻力平均值；

    r_1——腐朽部位阻力平均值。

（4）其余方法

1）应力波法可用于构件全截面腐朽检测，木构件的腐朽面积精确测量宜采用断层成像仪与阻力仪相结合的检测方法。

2）对腐朽等级超过3级的构件，宜通过生长锥取样，对腐朽状况进行实物确定。

3）对于关键部位的腐朽检测，可采用X射线检测法辅助其他方法进行腐朽程度的判断。

2.3 虫蛀检测

（1）虫蛀检测应包括木构件内部虫蛀空洞检测及白蚁活体检测。木构件内部虫蛀空洞的检测方法及分类等级按照腐朽检测方法执行；白蚁活体检测宜采用温度检测法、湿度检测法和雷达检测法。

（2）对白蚁活体进行检测时，应符合下列规定：

1）白蚁活体检测可通过目测判断白蚁侵害程度，应拍照、记录取证。

2）对接触地面的木构件，应对近地端长度1000mm内的部位进行白蚁活体检测；对非接触地面的木构件，应对屋架上下弦两端长度1000mm、楼板贴墙长度500mm部位以及檩、椽、梁的支座部位进行白蚁活体检测。

3）当采用温度检测法检测白蚁时，温度传感器显示温差有变化，变化幅度大于3℃时，可判断有白蚁。

4）当采用湿度检测法检测白蚁时，湿度传感器显示湿度有变化，湿度差大于30%时，可判断有白蚁。

5）当采用雷达检测法检测白蚁时，应将雷达传感器静止放置或固定，可用加速度计来校核有无人为振动。

3. 防护性能检测

（1）木构件所使用的防腐、防虫药剂应符合设计文件标明的构件使用环境类别。木结构的使用环境应按表4.2.4的规定进行分类。

木结构的使用环境   表4.2.4

使用环境分类	使用条件	应用环境
C1	户内，且不接触土壤	在室内干燥环境中使用，能避免气候和水分的影响
C2	户内，且不接触土壤	在室内环境中使用，有时受潮湿和水分的影响，但能避免气候的影响

续表

使用环境分类	使用条件	应用环境
C3	户外,但不接触土壤	在室外环境中使用,暴露在各种气候中,包括淋湿,但不长期浸泡在水中
C4	户外,且接触土壤或浸在淡水中	在室外环境中使用,暴露在各种气候中,且与地面接触或长期浸泡在淡水中

(2) 构件防护性能的现场检测应包括药剂有效成分的载药量和透入度两项指标。

(3) 木构件防护剂透入度的检测应符合下列规定:

1) 每检验批应随机抽取 5～10 根构件,均匀钻取芯样,油性药剂芯样应为 20 个,水性药剂芯样应为 48 个。

2) 检测方法应采用化学药剂显色的方法,测量样品被浸润部分的显色长度。

(4) 木构件防护剂载药量的检测应符合下列规定:

1) 现场取样后带回实验室,应采用化学滴定方法或 X 射线荧光分析仪的方法。

2) 透入度和载药量的测试样品,在取样时应避开裂纹、木节、刻痕孔,以及避免过于靠近构件端部。

4. 连接节点质量检测

4.1 榫卯连接检测

(1) 榫卯完整性检查,应对外观进行检查并记录是否存在下列现象:

1) 腐朽、虫蛀。

2) 榫头可见部位裂缝、折断、残缺。

3) 卯口周边劈裂,节点松动。

(2) 榫卯拔榫量测量应符合下列规定:

1) 采用钢直尺或者卷尺测量榫卯脱开距离作为拔榫量,当榫头各部位拔榫量不一致时,应取最大值。

2) 柱与梁、枋之间拔榫量应符合《古建筑木结构维护与加固技术标准》GB/T 50165—2020 的有关规定。

(3) 榫卯连接紧密度测量应符合下列规定:

1) 应采用楔形塞尺测量榫头与卯口之间各边的空隙尺寸,斗栱构件的榫卯间隙允许偏差应为 1mm,其他榫卯结构节点的间隙允许偏差应符合表 4.2.5 的规定。

榫卯结构节点的间隙允许偏差　　　　　　　　　　　　　　表 4.2.5

柱直径 D(mm)	$D \leqslant 200$	$200 < D \leqslant 300$	$300 < D \leqslant 500$	$D > 500$
允许偏差(mm)	3	4	6	8

2) 对于榫卯无空隙处,应检查并记录是否存在局部凹陷、木纤维褶皱、局部纤维剪断等局部承压破坏的情况。

3) 应检查榫卯倾斜转角与主构件倾斜转角是否一致。当不一致时,应补充检查榫头是否有折断点。

4）应测量榫头或卯口处的压缩变形，横纹压缩变形量不应大于 4mm。

木构奇观

　　建于公元 1056 年的应县木塔，以 67.31m 的身高冠绝全球木构建筑之巅，是世界上现存最古老的木结构楼阁式建筑。2016 年 9 月，应县木塔被吉尼斯世界纪录认证为"世界上最高的木塔"。近一千年的历史长河中，历经硝烟炮火、各种自然灾害的洗礼，它至今仍然傲然矗立。应县木塔既是建筑史上的一大瑰宝，也是古代劳动人民留给我们的智慧财富。诗人魏家萃有七绝诗赞曰："榫卯连环塔九层，浑身上下巧无钉。神工鬼斧千年过，古邑珍奇举世惊。"

4.2　螺栓连接检测

（1）螺栓连接的检查数量应为连接节点数量的 10%，且不应少于 10 个。

（2）螺栓连接检测应符合下列规定：

1）螺母拧紧后螺栓外露长度不应小于螺杆直径的 80%，且外露丝扣不应少于 2 扣。螺纹段残留在木构件的长度不应大于螺杆直径的 1.0 倍。

2）螺栓连接采用钢垫圈时，垫圈的厚度不应小于直径或边长的 1/10，且不应小于螺栓直径的 30%。方形垫板的边长不应小于螺杆直径的 3.5 倍，圆形垫圈的直径不应小于螺杆直径的 4.0 倍。

3）螺栓的端距、间距、边距和行距除应符合设计文件要求外，还应符合《木结构设计标准》GB 50005—2017 的有关规定。

4）螺栓孔直径不应大于螺杆直径 1mm。

4.3　植筋连接检测

对于新建木结构工程，木结构植筋连接施工质量宜进行抗拔承载力的现场检测。

木结构植筋抗拔承载力现场检测分为非破坏性检验和破坏性检验。对于一般结构及非结构构件，宜采用非破坏性检验；对于重要结构构件及生命线工程非结构构件，宜在受力较小的次要连接部位，采用破坏性检验。

（1）取样

1）植筋抗拔承载力现场非破坏性检验可采用随机抽样方法取样。

2）同规格、同型号、基本相同部位的锚栓可组成一个检验批。抽取数量应按每批植筋总数的 1‰ 计算，且不应少于 3 根。

（2）结果评定

1）非破坏性检验荷载下，以木材基材无裂缝、植筋无滑移等宏观损伤现象，且持荷期间荷载降低小于或等于 5% 时为合格。当非破坏性检验为不合格时，应另抽取不少于 3 个植筋做破坏性检验判断。

2）对于破坏性检验，植筋的极限抗拔力应满足式（4.2.3）、式（4.2.4）要求：

$$N_{Rm}^{c} \geqslant \gamma_{u} N_{sd} \tag{4.2.3}$$

$$N^c_{Rmin} \geqslant N_{RK} \qquad (4.2.4)$$

式中　N^c_{Rm}——植筋极限抗拔力实测平均值（N）；

　　　N_{sd}——植筋拉力设计值（N）；

　　　γ_u——植筋承载力检验系数允许值。对于植筋破坏：结构件取 1.80，非结构件取 1.65；对于木材劈裂破坏或植筋拔出破坏，包括沿胶筋界面破坏和胶木界面破坏：结构件取 3.3，非结构件取 2.4；

　　　N^c_{Rmin}——植筋极限抗拔力实测最小值（N）；

　　　N_{RK}——植筋极限抗拔力标准值。

3）当试验结果不满足上述两款的规定时，应依据试验结果，研究采取专门处理措施。

4.4　金属连接件检测

（1）金属连接件的现场检测项目和检测方法应符合下列规定：

1）应对各种金属连接件的类别、规格、数量等进行全面检测，可采用目测法。

2）应对金属连接件的安装位置和方式、安装偏差、变形、松动以及金属齿板的板齿拔出等进行全面检测，可采用目测法或用卡尺进行检测。

3）应对连接处木构件之间的缝隙、木构件受压抵承面之间的局部间隙以及木构件的开裂情况进行全面检测，可用卡尺或塞尺进行检测。

4）对金属齿板连接，还应对连接处木材的表面缺陷面积、板齿倒伏面积以及木材的劈裂情况等按检验批全数的 20% 进行抽样检测，可采用目测法或用卡尺测量。

5）应对金属连接件的锈蚀情况进行全面检查。

（2）金属连接件采用的钢材品种及性能应按《木结构工程施工质量验收规范》GB 50206—2012 的规定进行检测。

（3）金属连接件的厚度应用游标卡尺检测。当无法用游标卡尺检测时，可按《钢结构现场检测技术标准》GB/T 50621—2010 的规定，采用超声测厚仪进行检测。检测时，应取连接件的 3 个不同部位进行检测，并取 3 个测试值的平均值作为连接件厚度的代表值。

（4）金属连接件的焊缝质量应按《木结构工程施工质量验收规范》GB 50206—2012 的规定进行检测。

（5）金属连接件防腐层的检测，应在外观检查合格后，按下列规定进行：

1）当金属连接件采用镀锌钢板制作时，对连接件的锌层质量可按《钢产品镀锌层质量试验方法》GB/T 1839—2008 的规定进行抽样检测。

2）当金属连接件采用油漆类防锈涂层时，可采用涂层测厚仪，按《钢结构现场检测技术标准》GB/T 50621—2010 的规定进行检测。

（6）当金属连接件直接暴露在外并用防火涂层进行防护时，应在外观检查合格后，对连接件的涂层厚度进行抽样检测。对薄型防火涂层可采用涂层测厚仪进行检测；对厚型防火涂层可采用卡尺、探针等进行检测。

备忘录：

>> 任务实施

根据任务书要求，以小组为单位制定工作方案。

木结构构件尺寸偏差与变形检测记录见表 4.2.6。

>> 4-2-1

任务分配表

木结构构件尺寸偏差与变形原始记录表　　　　　　**表 4.2.6**

工程名称			委托单位			
试验依据			检验日期			
主要仪器设备及编号						

序号	检查项目	允许偏差	检测记录				检验结论
			实测数 1	实测数 2	实测数 3	平均值	
1							
2							
检查评定结果							

1. 对于等截面构件和截面尺寸均匀变化的变截面构件，应分别在构件的中部和两端量取截面尺寸，按照实测值作为构件截面尺寸的代表值。

2. 对于不均匀变化的变截面构件，应选取构件端部、截面突变的位置量取截面尺寸，取构件尺寸实测最小值作为该构件截面尺寸的代表值。

试验：	复核：	日期：　　年　　月　　日

>> 评价反馈

填写工作任务考核评价表。

>> 4-2-2

考核评价表

📄 习题

一、单选题

1. 木材的强度等级，应按木材的（　　）试验情况确定。

A. 横向抗弯强度 　　　　　　　　　B. 弦向抗弯强度

C. 纵向抗弯强度 　　　　　　　　　D. 轴向抗压强度

2. 木材物理性能检测的主要项目有（　　）。

A. 木材含水率 　　　　　　　　　　B. 木材密度

C. 干缩率 　　　　　　　　　　　　D. 木材重量

3. 一般木结构构件的含水率可采用取样的（　　）测定。

A. 密度法 　　　　B. 晒干法 　　　　C. 重量法 　　　　D. 电测法

4. 采用现场取样法进行木材抗弯弹性模量检测，一个检验批中构件抽取数量应为（　　）根。

A. 2 　　　　　　B. 3 　　　　　　C. 4 　　　　　　D. 5

5. 木结构构件（　　）的检测，可根据构件附近是否有木屑等进行初步判定。

A. 腐朽 　　　　B. 虫蛀 　　　　C. 裂缝 　　　　D. 腐烂

二、多选题

1. 木结构构件尺寸偏差与变形检测包括（　　）等项目。

A. 截面尺寸及其偏差 　　　　　　　B. 结构整体垂直度

C. 倾斜 　　　　　　　　　　　　　D. 挠度

E. 轴线尺寸

2. 木结构建筑常见的缺陷检测有（　　）。

A. 裂缝 　　　　B. 虫蛀 　　　　C. 腐朽 　　　　D. 空洞

E. 麻面

3. 木结构的连接可分为（　　）等检测项目。

A. 榫卯连接 　　　　　　　　　　　B. 螺栓连接

C. 植筋连接 　　　　　　　　　　　D. 金属连接件

E. 焊接连接

结构性能与变形检测

学习背景

学习背景描述

结构性能检测是针对结构构件的承载力、挠度、裂缝控制性能等各项指标所进行的检测。混凝土结构或构件变形的检测可分为构件的挠度、结构的倾斜等项目，利用检测工具对变形量进行检测。

本学习领域基于实际工程，将结构性能与变形检测分为混凝土构件承载力检验、构件倾斜检测、构件挠度检测以及后锚固件、碳纤维片的结构性能检验等学习任务，按照《建筑结构检测技术标准》GB/T 50344—2019、《混凝土结构现场检测技术标准》GB/T 50784—2013、《混凝土结构加固设计规范》GB 50367—2013、《建筑工程施工质量验收统一标准》GB 50300—2013、《混凝土结构工程施工质量验收规范》GB 50204—2015、《混凝土结构试验方法标准》GB/T 50152—2012、《混凝土结构后锚固技术规程》JGJ 145—2013 等标准及规范中混凝土结构检测的部分知识对某混凝土结构住宅楼主体结构进行检测，掌握混凝土构件承载力、倾斜、挠度以及加固等项目的检测方法与要求。

学习目标

（1）知识目标：掌握不同混凝土构件承载力试验检测方法及要求；掌握混凝土构件倾斜检测的方法及要求；掌握混凝土构件挠度检测的方法及要求；了解后锚固件、碳纤维片的结构性能检验的基本原理，掌握后锚固件、碳纤维片的结构性能检验的方法及要求。

（2）能力目标：能独立使用相关仪器设备完成混凝土构件的承载力、倾斜检测、挠度检测，能规范填写检测原始记录并进行结构质量评定。

（3）素质目标：培养学生结构检测中严格遵守规范的质量意识、不辞辛苦的劳动精神及检测报告实事求是的诚信意识；培养学生任务完成后规范清理场地、归还仪器设备、资料归档，并按照环保规定处置废弃物的职业素养。

🛩 项目概况

（1）工程名称：××住宅楼。

（2）建设单位：××置业发展有限公司。

（3）设计单位：××工程设计有限公司。

（4）勘察单位：××地质工程勘察院。

（5）施工单位：××建设集团股份有限公司。

（6）监理单位：××监理有限责任公司。

（7）建设地点：××市××区。

（8）建筑面积：3506.22m²。

（9）建筑层数：地上3层。

（10）建设高度：12.3m。

（11）结构类型：框架结构。

未详尽之处，见工程施工图纸中建筑设计总说明及结构设计总说明。项目建筑施工图、结构图见项目图纸-项目3。

>> 5-0-1

项目图纸

🎯 知识导入

本学习领域主要完成混凝土构件承载力、构件倾斜、构件挠度及后锚固件、碳纤维片的结构性能的检测任务。

1. 混凝土构件承载力检验

混凝土构件承载力是指在荷载作用下混凝土结构能够承受的最大荷载。当荷载作用超过这一值时，混凝土结构可能会发生破坏。当需要确定混凝土构件的承载力、刚度或抗裂等性能时，可进行构件性能的荷载试验。构件性能检测的加载与测试方法，应根据设计要求以及构件的实际情况确定，当仅对结构的一部分做实荷检验时，应使有问题部分或可能的薄弱部位得到充分的检验。

2. 构件倾斜检测

在混凝土构件的设计和分析中，倾斜通常是指建筑物相对于其设计或理想状态的偏离，这种偏离可能是由于地基不均匀沉降、外力作用（如风荷载、地震等）或设计缺陷等原因造成的。它可能影响到构件的承载力和稳定性。然而，在某些特定情况下，如斜梁、斜柱或斜向支撑等，倾斜可能是结构设计的一部分。混凝土构件或结构的倾斜，可采用经纬仪、激光定位仪、三轴定位仪或吊锤等方法检测。

3. 构件挠度检测

细长物体（如梁或板）的挠度是指在变形时其轴线上各点在该点处轴线法平面内的位移量。薄板或薄壳的挠度是指中面上各点在该点处中面法线上的位移量。混凝土构件的挠度，可采用激光测距仪、水准仪或拉线等方法检测。

4. 后锚固件、碳纤维片的结构性能检验

后锚固法，是指在已硬化混凝土中钻孔，并在孔内注入高强胶粘剂，待胶粘剂固化后进行拔出试验，根据拔出力来推定混凝土强度的方法。而后锚固件是指在已有混凝土结构上通过钻孔、植筋、膨胀等方式设置的锚固件，主要用于连接外部构件。后锚固件的承载力检验是确保锚固系统安全可靠的关键环节。

碳纤维片在混凝土结构加固工程中的使用日益广泛。碳纤维片与原混凝土结构表面的粘结强度的现场检测方法适用于纤维复合材与基材混凝土，以结构胶粘剂、界面胶（剂）为粘结材料粘合，在均匀拉应力作用下发生内聚、粘附或混合破坏的正拉粘结强度测定；不适用于测定室温条件下涂刷、粘合与固化的，质量大于 $300 \mathrm{g/m^2}$ 碳纤维织物与基材混凝土的正拉粘结强度。

跬步千里

《资治通鉴》有云："尽小者大，慎微者著"。小者大之源，轻者重之端。2020年11月，白鹤滩水电站无压泄洪洞顺利完工，同时又创造了一项奇迹。3条泄洪洞，混凝土浇筑总量超过1200仓，每仓混凝土的表面平整度误差不超过3mm，表面光洁如镜，被业界誉为"镜面混凝土"。正是技术人员追求卓越的工匠精神和强国有我的责任担当才成就了闻名中外的精品工程。

思维导图

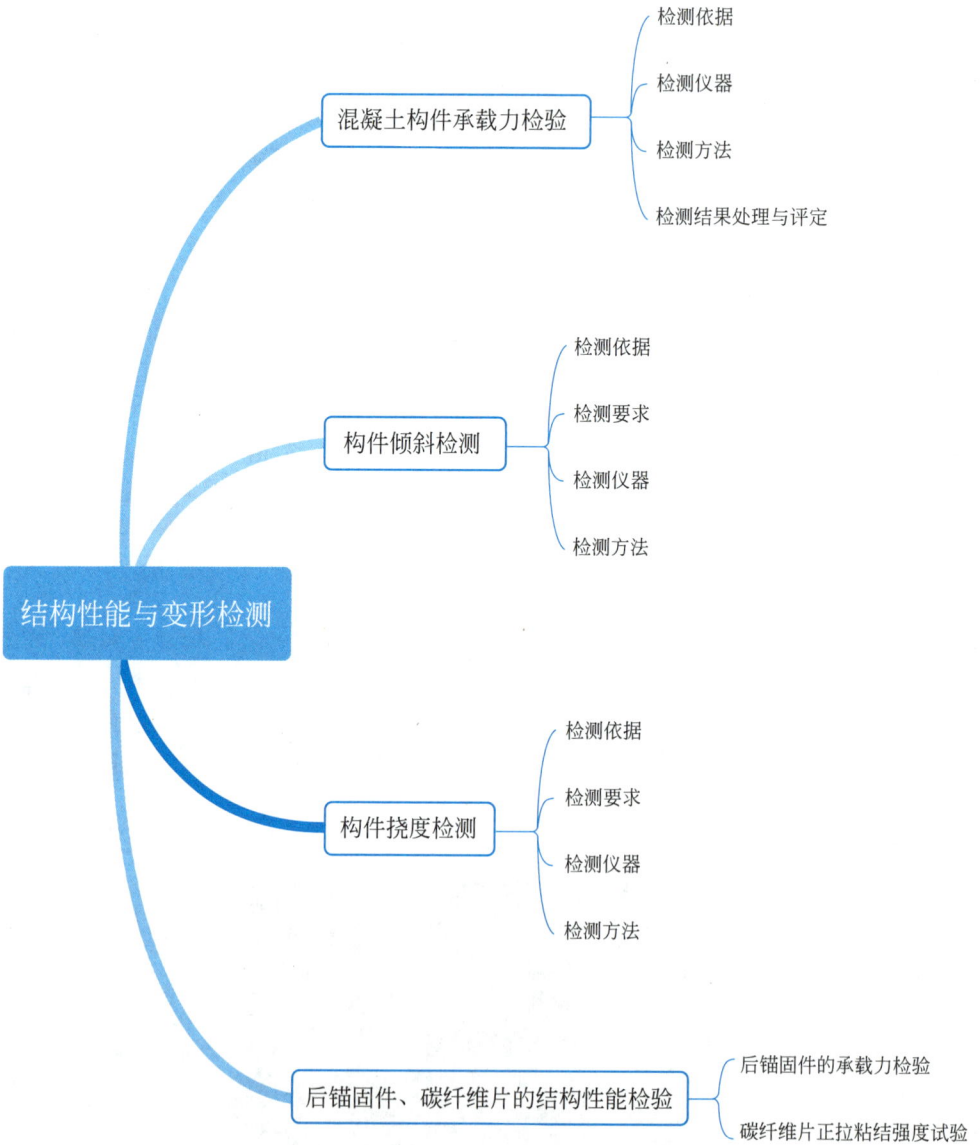

结构性能与变形检测

混凝土构件承载力检验
- 检测依据
- 检测仪器
- 检测方法
- 检测结果处理与评定

构件倾斜检测
- 检测依据
- 检测要求
- 检测仪器
- 检测方法

构件挠度检测
- 检测依据
- 检测要求
- 检测仪器
- 检测方法

后锚固件、碳纤维片的结构性能检验
- 后锚固件的承载力检验
- 碳纤维片正拉粘结强度试验

＜ 学习情境 5.1　混凝土构件承载力检验 ＞

＞＞ 学习目标

通过学习情境的学习，会查阅相关规范，掌握梁、板、柱等不同混凝土构件在不同类型荷载作用下的承载力等试验检测方法及要求，能独立使用相关仪器设备完成梁、板、柱等混凝土构件的承载力检测。

＞＞ 学习任务

某混凝土结构住宅楼在拆除楼板底模及下部支撑过程中，因下雨，发现该结构二层梁板区域板底出现较多不规则渗水裂纹，某检测机构受建设单位委托，为了解该住宅楼二层梁板区域的楼板裂缝对该区域结构安全性的影响，现需对该住宅楼楼板进行承载力检验。接受委托后，查阅相关规范获取混凝土构件承载力检测的有效信息，并按照规范要求完成板的承载力检测，规范填写原始记录。任务完成后，按照现场管理规范清理场地、归还仪器设备、资料归档，并按照环保规定处置废弃物。

＞＞ 知识获取

混凝土构件的承载力直接决定了整个结构的安全性与稳定性。为确保混凝土构件乃至混凝土结构的安全性与功能性要求，需要对构件的挠度、裂缝等项目进行检测，并判定检测项目实测值是否不超出规范允许值。

＞＞ 5-1-1

混凝土构件
承载力检测

1. 检测依据

(1)《混凝土结构现场检测技术标准》GB/T 50784—2013。
(2)《混凝土结构工程施工质量验收规范》GB 50204—2015。
(3)《混凝土结构试验方法标准》GB/T 50152—2012。

2. 检测仪器

(1) 电子位移计、百分表、千分表等。
(2) 直尺、刻度放大镜、电子裂缝观测仪等。

3. 检测方法

(1) 构件取样原则

按《混凝土结构现场检测技术标准》GB/T 50784—2013 规定，静载检验构件应按约定抽样原则从结构实体中选取，选取时综合考虑以下因素：

＞＞ 5-1-2

混凝土构件承载力
检测试验方案

1) 该构件计算受力最不利。
2) 该构件施工质量较差、缺陷较多或病害及损伤较严重。

3）便于搭设脚手架，设置测点或实施加载。

（2）观测项目

1）构件的最大挠度。

2）支座处的位移。

3）控制截面应变。

4）裂缝的出现与扩展情况。

（3）分级加载

1）分级加载原则应符合下列规定：

① 在达到使用状态试验荷载值 Q_s（F_s）以前，每级加载值不宜大于 $0.20Q_s$（$0.20F_s$）；超过 Q_s（F_s）以后，每级加载值不宜大于 $0.10Q_s$（$0.10F_s$）。

② 接近开裂荷载计算值 Q_{cr}^c（F_{cr}^c）时，每级加载值不宜大于 $0.05Q_s$（$0.05F_s$）；试件开裂后，每级加载值可取 $0.10Q_s$（$0.10F_s$）。

③ 加载到承载能力极限状态的试验阶段时，每级加载值不应大于承载力状态荷载设计值 Q_d（F_d）的 0.05 倍。

2）每级加载的持荷时间应符合下列规定：

① 每级荷载加载完成后的持荷时间不应少于 5～10min，且每级加载时间宜相等。

② 在使用状态试验荷载值 Q_s（F_s）作用下，持荷时间不应少于 15min；在开裂荷载计算值 Q_{cr}^c（F_{cr}^c）作用下，持荷时间不宜少于 15min；如荷载达到开裂荷载计算值前已经出现裂缝，则在开裂荷载计算值下的持荷时间不应少于 5～10min。

③ 跨度较大的屋架、桁架及薄腹梁等试件，当不再进行承载力试验时，使用状态试验荷载值 Q_s（F_s）作用下的持荷时间不宜少于 12h。

3）分级加载试验时，试验荷载的实测值应按下列原则确定：

① 在持荷时间完成后出现试验标志时，取该级荷载值作为试验荷载实测值。

② 在加载过程中出现试验标志时，取前一级荷载值作为试验荷载实测值。

③ 在持荷过程中出现试验标志时，取该级荷载和前一级荷载的平均值作为试验荷载实测值。

4）当采用缓慢平稳的持续加载方式时，取出现试验标志时所达到的最大荷载值作为试验荷载实测值。

5）当要求获得试件的实际承载力和破坏形态时，在试件出现承载力标志后，宜进行后期加载。后期加载应加载到荷载减退、试件断裂、结构解体等破坏状态，检验试件的承载力裕量、破坏形态及实际的抗倒塌性能。后期加载的荷载等级及持荷时间应根据具体情况确定，可适当增大加载间隔，缩短持荷时间，也可进行连续慢速加载直至试件破坏。

（4）停止加载

静载试验时，可选择下列指标作为停止加载工作的标志：

1）控制测点变形达到或超过规范允许值。

2）控制测点应变达到或超过计算理论值。

3）出现裂缝或裂缝宽度超过规范允许值。

4）出现检验标志。

5）检验荷载超过计算值。

>> 5-1-3

混凝土构件承载力
检测步骤

（5）卸载

卸载和量测应符合下列规定：

1）每级卸载值可取为承载力试验荷载值的 20%，也可按各级临界试验荷载逐级卸载。

2）卸载时，宜在各级临界试验荷载下持荷并量测各试验参数的残余值，直至卸载完毕。

3）全部卸载完成以后，宜经过一定的时间后重新量测残余变形、残余裂缝形态及最大裂缝宽度等，以检验试件的恢复性能。恢复性能的量测时间，对于一般结构构件取为 1h，对新型结构构件和跨度较大的试件取为 12h，也可根据需要确定时间。

（6）试件的自重和作用在其上的加载设备的重量，应作为试验荷载的一部分，并经计算后从加载值中扣除。试件自重和加载设备的重量应经实测或计算取得，并根据加载模式进行换算，对验证性试验其数值不宜大于使用状态试验荷载值的 20%。

（7）当试件承受多组荷载作用时，施加于试件不同部位上的各组荷载宜按同一比例加载和卸载。当试验方案对各组荷载的加载制度有特别要求时，应按确定的试验方案进行加载。

警钟长鸣

1995 年 6 月 29 日下午 5 点左右，韩国首尔的三丰百货大楼突然坍塌，短短 20 秒，繁华大楼变成死亡废墟，502 人死亡，937 人受伤。警方调查发现，三丰百货在建设的过程中就对大楼设计进行大幅度改变，违规增加一层，大大增加了大楼承重，后期又安装大型冷却水塔，雪上加霜。事故发生前，鉴于大楼已经出现了裂缝和局部坍塌，三丰百货集团请了工程师对大楼进行检测，但工程师仍然给出建筑是安全的评估，因此，三丰百货就继续营业，导致了事故的发生。由此我们可以看出，虽然事故发生的直接原因是整座建筑超过承载负荷引起的，但是如果检测人员能够科学公正对待，悲剧同样可以避免，挽回无辜丧生的生命。"巴豆虽小坏肠胃，酒杯不深淹死人"，任何时候都不能存有侥幸心理。

4. 检测结果处理与评定

>> 5-1-4

混凝土构件承载力
检测结果评定

（1）挠度数据处理

当按《混凝土结构设计标准（2024 年版）》GB/T 50010—2010 规定的挠度允许值进行检验时，挠度数据整理应符合下列规定：

1）消除支座沉降影响后实测的跨中最大挠度应按式（5.1.1）计算：

$$a_q^0 = u_m^0 - \frac{u_l^0 + u_r^0}{2} \tag{5.1.1}$$

式中　a_q^0——消除支座沉降影响后实测的跨中最大挠度；

　　　u_l^0——左端支座的沉降位移实测值；

　　　u_r^0——右端支座的沉降位移实测值；

　　　u_m^0——包括支座沉降在内的跨中挠度实测值。

2）考虑自重等修正后的跨中最大挠度可按式（5.1.2）计算：

$$a_s^0 = (a_q^0 + a_g^c)u_r^0 \qquad (5.1.2)$$

式中　a_s^0——考虑自重等修正后的跨中最大挠度；

　　　a_g^c——构件自重和加载设备重产生的跨中挠度值；

　　　u_r^0——用等效集中荷载代替均布荷载时的修正系数。

3）考虑自重等修正后的跨中最大挠度可按式（5.1.3）计算：

$$a_g^c = \frac{M_g}{M_b}a_b^0 \qquad (5.1.3)$$

式中　M_g——构件自重和加载设备重产生的跨中弯矩值；

　　M_b、a_b^0——从外加荷载开始至弯矩-挠度曲线出现拐点的前一级荷载产生的跨中弯矩值和跨中挠度实测值。

4）构件长期挠度可按式（5.1.4）计算：

$$a_l^0 = \frac{M_l(\theta - l) + M_s}{M_s}a_s^0 \qquad (5.1.4)$$

式中　a_l^0——构件长期挠度值；

　　　M_l——按荷载长期效应组合计算的弯矩值；

　　　M_s——按荷载短期效应组合计算的弯矩值；

　　　θ——考虑荷载长期效应组合对挠度增大的影响系数。

5）确定受弯构件的弹性挠度曲线，可采用有限差分法，此时测点数目不应少于5个。

（2）挠度限值

钢筋混凝土受弯构件的最大挠度应按荷载的准永久组合，预应力混凝土受弯构件的最大挠度应按荷载的标准组合，并均应考虑荷载长期作用的影响进行计算。其计算值不应超过表5.1.1规定的挠度限值。

受弯构件的挠度限值 表 5.1.1

构件类型		挠度限值
吊车梁	手动吊车	$l_0/500$
	电动吊车	$l_0/600$
屋盖、楼盖及楼梯构件	当 $l_0 < 7$m 时	$l_0/200(l_0/250)$
	当 $7 \leqslant l_0 < 9$m 时	$l_0/250(l_0/300)$
	当 $l_0 \geqslant 9$m 时	$l_0/300(l_0/400)$

注：1）表中 l_0 为构件的计算跨度；计算悬臂构件的挠度限值时，其计算跨度 l_0 按实际悬臂长度的2倍取用。

　　2）表中括号内的数值适用于使用上对挠度有较高要求的构件。

　　3）如果构件制作时预先起拱，且使用上也允许，则在验算挠度时，可将计算所得的挠度值减去起拱值；对预应力混凝土构件，尚可减去预加力所产生的反拱值。

　　4）构件制作时的起拱值和预加力所产生的反拱值，不宜超过构件在相应荷载组合作用下的计算挠度值。

（3）裂缝宽度限值

结构构件应根据结构类型和表5.1.2规定的环境类别，按表5.1.2的规定选用不同的裂缝控制等级及最大裂缝宽度限值 $\omega_{\lim}$。

结构构件的裂缝控制等级及最大裂缝宽度限值（mm）　　　表 5.1.2

环境类别	钢筋混凝土结构		预应力混凝土结构	
	裂缝控制等级	ω_{lim}	裂缝控制等级	ω_{lim}
一类	三级	0.30(0.40)	三级	0.20
二 a 类				0.10
二 b 类		0.20	二级	—
三 a、三 b 类			一级	—

注：1）对处于年平均相对湿度小于 60％地区一类环境下的受弯构件，其最大裂缝宽度限值可采用括号内的数值。

　　2）在一类环境下，对钢筋混凝土屋架、托架及需作疲劳验算的吊车梁，其最大裂缝宽度限值应取为 0.20mm；对钢筋混凝土屋面梁和托梁，其最大裂缝宽度限值应取为 0.30mm。

　　3）在一类环境下，对预应力混凝土屋架、托架及双向板体系，应按二级裂缝控制等级进行验算；对一类环境下的预应力混凝土屋面梁、托梁、单向板，应按表中二 a 类环境的要求进行验算；在一类和二 a 类环境下需作疲劳验算的预应力混凝土吊车梁，应按裂缝控制等级不低于二级的构件进行验算。

　　4）表中规定的预应力混凝土构件的裂缝控制等级和最大裂缝宽度限值仅适用于正截面的验算。

　　5）对于烟囱、筒仓和处于液体压力下的结构，其裂缝控制要求应符合专门标准的有关规定。

　　6）表中的最大裂缝宽度限值为用于验算荷载作用引起的最大裂缝宽度。

备忘录：

≫ 任务实施

根据任务书要求，以小组为单位制定工作方案。

≫5-1-5
任务分配表

根据工作任务要求，完成检测原始记录，见表 5.1.3～表 5.1.7。

检测原始记录表　　　表 5.1.3

工程名称			
委托单位			
单元、楼层号		构件名称	

续表

轴线位置		检测部位	
检测依据		检测日期	

示意图：

检测：　　　　　　　　　　　　　　　　　　　　　　　　　　复核：

构件加载后最大挠度及最大裂缝　　　　　　　　　　表 5.1.4

序号	构件位置	最大挠度值	挠度规范限值	板底最大裂缝	裂缝规范限值
1					
2					
3					
4					
5					
6					

测点挠度值　　　　　　　　　　表 5.1.5

加(卸)载 等级 测点	加1	加2	加3	加4	加5	加6	卸1	卸2	卸3
1									
2									
3									
4									
5									
6									
7									
8									
9									

加载前构件测点裂缝图	表 5.1.6
加载前构件裂缝图	

加载后构件测点裂缝图	表 5.1.7
加载后构件裂缝图	

›› 评价反馈

填写工作任务考核评价表。

>> 5-1-6

考核评价表

‹ 学习情境 5.2　构件倾斜检测 ›

≫ 学习目标

通过学习情境的学习，会查阅相关规范，掌握混凝土构件倾斜检测的方法及要求，能独立使用相关仪器设备完成混凝土构件倾斜检测。

≫ 学习任务

某混凝土结构住宅楼主体结构施工完成，某检测机构受建设单位委托，现需对该住宅楼主体结构进行倾斜检测。接受委托后，查阅相关规范获取混凝土构件倾斜检测的有效信息，并按照规范要求完成混凝土结构构件倾斜检测。任务完成后，按照现场管理规范清理场地、归还仪器设备、资料归档，并按照环保规定处置废弃物。

思考：))) - →

谈及建筑物的倾斜，大家不约而同地会想到比萨斜塔。查阅资料，比萨斜塔"倾斜约 10%，即 5.5°，偏离地基外沿 2.5m，顶层凸出 4.5m"。根据资料思考一下，为什么比萨斜塔倾斜而不开裂？

≫ 知识获取

《混凝土结构现场检测技术标准》GB/T 50784—2013 中对构件倾斜检测数量与检测方法提出了明确的要求，检测的偏差允许值应按《混凝土结构工程施工质量验收规范》GB 50204—2015 确定，在检测报告中应提供量测的位置和必要的说明。

≫ 5-2-1

混凝土构件倾斜
检测基本知识

1. 检测依据

（1）《混凝土结构现场检测技术标准》GB/T 50784—2013。
（2）《混凝土结构工程施工质量验收规范》GB 50204—2015。

2. 检测要求

（1）构件倾斜检测时，宜对受检范围内存在倾斜变形的构件进行全数检测。当不具备全数检测条件时，可根据约定抽样原则选择下列构件进行检测：
1）重要的构件。
2）轴压比较大的构件。
3）偏心受压构件。

≫ 5-2-2

混凝土构件倾斜
检测要求

4）倾斜较大的构件。

（2）构件倾斜检测应符合下列规定：

1）构件倾斜可采用经纬仪、激光准直仪或吊锤的方法检测。当构件高度小于 10m 时，可使用经纬仪或吊锤测量；当构件高度大于或等于 10m 时，应使用经纬仪或激光准直仪测量。

2）检测时应消除施工偏差或截面尺寸变化造成的影响。

3）检测时宜分别检测构件在所有相交轴线方向的倾斜，并提供各个方向的倾斜值。

（3）倾斜检测应提供构件上端对于下端的偏离尺寸及其与构件高度的比值。

3. 检测仪器

（1）仪器：经纬仪、激光准直仪、吊锤。

（2）为保证采用经纬仪检测法的精度，检测所用的检测仪器、作业方法及技术要求应符合下列规定：

1）建筑垂直度检测所有仪器应不低于 DJ2（Ⅱ级），仪器应经过法定检测机构检定，并具有有效期内的检定证书。水平角检测的技术要求见表 5.2.1。

水平角检测的技术要求　　　　　　　　　　表 5.2.1

等级	建筑物安全等级和类别	经纬仪	测回数（"）	光学测微器两次重合读数差（"）	测角中误差（"）	半测回归零差（"）	2C 变动范围（"）	同一方向值各测回较差（"）
三等	高层建筑和一级建筑物	不低于 DJ2（Ⅱ级）	9	3	1.8	8	13	9
四等	二级、三级、多层建筑物和低层建筑物	DJ2（Ⅱ级）	6	3	2.5	8	13	9

2）检测应在通视良好、成像清晰稳定时进行。晴天的日出、日落前后和太阳中天前后不宜检测。作业中仪器不得受阳光直接照射，当气泡偏离超过一格时，应在测回间重新整置仪器。当视线靠近吸热或放热强烈的地形地物时，应选择阴天或有风但不影响仪器稳定的时间进行检测。当需削减时间性水平折光影响时，应按不同时间段检测。

3）控制网检测宜采用双照准法，在半测回中每个方向连续照准两次，并各读数一次。每站检测中，应避免二次调焦，当检测方向的边长悬殊较大、有关方向应调焦时，宜采用正倒镜同时检测法，并可不考虑 2C 变动范围。对于大倾斜方向的检测，应严格控制水平气泡偏移，当垂直角超过 3°时，应进行仪器竖轴倾斜改正。

（3）当利用建筑或构件的顶部与底部之间的竖向通视条件进行主体垂直度检测时，宜选用下列检测方法：

1）激光铅直仪检测法。应在顶部适当位置安置接收靶，在其垂线下的地面或地板上安置激光铅直仪或激光经纬仪，按一定周期检测，在接收靶上直接读取或量出顶部的水平位移量和位移方向。作业中仪器应严格置平、对中，应旋转180°检测两次取其中数。对于超高层建筑，当仪器设在楼体内部时，应考虑大气湍流影响。

2）激光位移计自动记录法。位移计宜安置在建筑底层或地下室地板上，接收装置可设在顶层或需要检测的楼层，激光通道可利用未使用的电梯井或楼梯间，测试室宜选在靠近顶部的楼层内。当位移计发射激光时，从测试室的光线示波器上可直接获取位移图像及有关参数，并自动记录数据。

3）正、倒垂线法。垂线宜选用直径0.6～1.2mm的不锈钢丝或因瓦合金丝，并采用无缝钢管保护。采用正垂线法时，垂线上端可锚固在通道顶部或所需高度处设置的支点上；采用倒垂线法时，垂线下端可固定在锚块上，上端设浮筒。用来稳定重锤、浮子所在的油箱中应装有阻尼液。检测时，由检测墩上安置的坐标仪、光学垂线仪、电感式垂线仪等量测设备，按一定周期测出各测点的水平位移量。

4）吊垂球法。应在顶部或所需高度处的检测点位置上，直接或支出一点悬挂适当重量的垂球，在垂线下的底部固定毫米格网读数板等读数设备，直接读取或量出上部检测点相对底部检测点的水平位移量和位移方向。

4. 检测方法

（1）建筑主体垂直度检测应测定建筑顶部检测点相对于底部固定点或上层相对于下层检测点的垂直度、倾斜方向及倾斜速率。刚性建筑的整体垂直度，可通过检测顶面或基础的差异沉降来间接确定。

（2）主体垂直度检测点和测站点的布设应符合下列要求：

1）当从建筑外部检测时，测站点的点位应选在与倾斜方向成正交的方向线上、距照准目标1.5～2.0倍目标高度的固定位置。当利用建筑内部竖向通道检测时，可将通道底部中心点作为测站点。

2）对于整体垂直度，检测点及底部固定点应沿着对应测站点的建筑主体竖直线，在顶部和底部上下对应布设；对于分层垂直度，应按分层部位上下对应布设。

3）按前方交会法布设的测站点，基线端点的选设应顾及测距或长度丈量的要求。按方向线水平角法布设的测站点，应设置好定向点。

（3）主体垂直度检测点位的标志设置应符合下列要求：

1）建筑顶部和墙体上的检测点标志可采用埋入式照准标志或反射片。当有特殊要求时，应专门设计。

2）不便埋设标志的塔形、圆形建筑以及竖直构件，可以照准视线所切同高边缘确定的位置或用高度角控制的位置作为检测点位。

3）位于地面的测站点和定向点，可根据不同的检测要求，使用带有强制对中装置的检测墩或混凝土标石。

4）对于一次性垂直度检测项目，检测点标志可采用标记形式或直接利用符合位置与照准要求的建筑特征部位，测站点可采用小标石或临时性标志。

（4）主体垂直度检测的周期可视倾斜速度，每1～3个月检测一次。当遇到基础附近因大量堆载或卸载、场地降雨长期积水等而导致倾斜速度加快的情况时，应及时增加检测次数。施工期间的检测周期，可根据"小提示"确定。垂直度检测应避开强日照和风荷载影响大的时间段。

小提示：

检测的周期和检测时间，可按下列要求并结合具体情况确定：

（1）建筑施工阶段的倾斜检测，应随施工进度及时进行并应符合下列规定：

1）大型、高层建筑可在基础底部完成后开始检测；普通建筑可在基础完工后或地下室砌完后开始检测；民用多层建筑可在一层模板脱模后进行检测。

2）民用高层建筑施工期间的倾斜检测周期，应按每增加 1～5 层检测一次，封顶后按 1～2 个月检测一次，直至竣工；民用多层建筑宜按每加高 1～2 层检测一次，封顶后按 1～3 个月检测一次，直至竣工；工业建筑可按不同施工阶段（如回填基坑、安装柱子和屋架、砌筑墙体设备安装等）分别进行检测。如果建筑物荷载均匀增大，应至少在增大荷载的 25％、50％、75％和 100％时各测一次；工业建筑与民用建筑竣工时，检测总次数不得少于 5 次；竣工后检测周期，应根据建筑物的稳定情况确定。

3）施工过程中若暂时停工，在停工时及重新开工时应各检测一次；停工期间，可每隔 2～3 个月检测一次。

（2）建筑物使用阶段的检测次数，应视地基土类型和沉降速度大小而定。除有特殊要求者外，一般情况下，可在第一年检测 3～4 次，第二年检测 2～3 次，第三年后每年检测 1 次，直至稳定为止。

（5）当从建筑或构件的外部检测主体垂直度时，宜选用下列经纬仪（或全站仪）检测法：

1）投点法

① 检测时，应在底部检测点位置安置水平读数尺等量测器具。在每个测站安置仪器投影时，应按正倒镜法测出每对上下检测点标志间的偏移量，再按矢量相加法求得倾斜量和位移方向（倾斜方向）。

② 检测仪器架设位置如图 5.2.1 所示，其中要求检测仪器应设置在建筑物一墙角的两面墙的延长线上，约 1.5～2.0 倍建筑物高度 H，以减少仪器纵轴不垂直的影响。

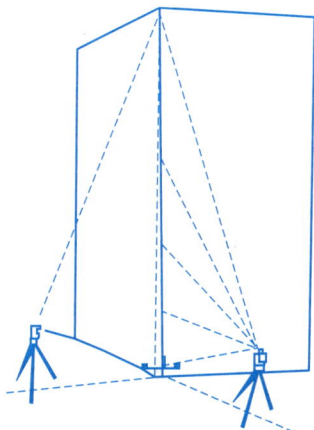

图 5.2.1　检测仪器架设位置

③ 检测距离不能满足要求时，可选择与仪器配套的弯管目镜配合使用。

④ 检测仪器在投影时固定测站，应细心对中和整平。建筑物的高度 H 可采用检测仪器测出垂直角度进行计算，也可直接量取或按设计值确定。垂直角度检测的技术要求见表 5.2.2。

垂直角检测的主要技术要求   表 5.2.2

等级	建筑物安全等级和类别	经纬仪	测回数(″)	指标差变化范围(″)	同一方向值各测回垂直角较差(″)
三等	高层建筑和一级建筑物	不低于 DJ2（Ⅱ级）	中丝法 4	15	9
			三丝法 2		
四等	二级、三级、多层建筑物和低层建筑物	DJ2（Ⅱ级）	中丝法 2	15	9

⑤ 建筑物一墙角的两面墙角处，分别平放一直尺，采用检测仪器正倒镜法分别瞄准墙角顶点及墙角底点，在两直尺上分别读取相应的刻划数字，则可得到两个方向上的水平位移分量 Δ_1、Δ_2。倾斜量、垂直度及倾斜方向可按式（5.2.1）～式（5.2.3）计算：

倾斜量：
$$\Delta = \sqrt{\Delta_1^2 + \Delta_2^2} \tag{5.2.1}$$

垂直度：
$$i = \Delta / H \tag{5.2.2}$$

倾斜方向：
$$\alpha' = \arctan \frac{\Delta_2}{\Delta_1} + (0°, 180°, 360°) \tag{5.2.3}$$

式中 α' 为倾斜方向，即以 Δ_1 所相应的边长为基准方向、顺时针至 Δ 的水平角（当 Δ_1 为正、Δ_2 为正时，加 $0°$；当 Δ_1 为负、Δ_2 为正或当 Δ_1 为负、Δ_2 为负时，加 $180°$；当 Δ_1 为正、Δ_2 为负时，加 $360°$）。

最后，综合分析四个阳角的垂直度，即可描述整幢建筑物的倾斜情况。

2）测水平角法

对塔形、圆形建筑或构件，每个测站的检测应以定向点作为零方向，测出各检测点的方向值和至底部中心的距离，计算顶部中心相对底部中心的水平位移分量；对矩形建筑，可在每个测站直接检测顶部检测点与底部检测点之间的夹角或上层检测点与下层检测点之间的夹角，以所测角值与距离值计算整体的或分层的水平位移分量和位移方向。

3）前方交会法

所选基线应与检测点组成最佳构形，交会角宜在 $60°$～$120°$ 之间。水平位移计算，可采用直接由两周期检测方向值之差解算坐标变化量的方向差交会法，也可采用按每周期计算检测点坐标值，再以坐标差计算水平位移的方法。

（6）主体垂直度检测应提交下列成果资料：

1）垂直度检测点位布置图。

2）垂直度检测成果表。

3）建筑垂直度检测报告。

（7）检测报告要求

1）检测工作在完成了记录检查、各种计算和处理分析后，应按下列规定进行成果的整理：

①检测原始记录的内容应完整、齐全。

②各种计算过程及成果、图表和各种检验、分析资料应完整、清晰。

③使用的图式符号应规格统一、注记清楚。

2）检测报告应包括下列主要内容：

①项目概况。应包括项目来源、检测目的和要求，测区地理位置及周边环境，项目完成的起止时间，实际布设和检测的基准点及检测点点数和检测次数。

②检测方法。应包括检测作业依据的技术标准、检测方案的技术变更情况、采用的仪器设备及其检校情况、基准点和检测点的标志及布设情况、检测精度级别、作业方法及数据处理方法、沉降检测各周期检测时间等。

③检测过程中出现的异常和作业中发生的特殊情况等。

④建筑沉降、垂直度分析的结论与建议。

⑤出具报告的单位名称（盖章），检测、审核、签发人员签字。

⑥附图附表等。

（8）允许偏差及检验方法。现浇结构位置和尺寸允许偏差及检验方法见表5.2.3。

>> 5-2-3

混凝土构件倾斜
检测允许偏差及
检验方法

现浇结构位置和尺寸允许偏差及检验方法　　　　**表 5.2.3**

项目			允许偏差（mm）	检验方法
垂直度	层高	≤6m	10	经纬仪或吊线、尺量
		>6m	12	经纬仪或吊线、尺量
	全高(H)≤6m		$H/30000+20$	经纬仪、尺量
	全高(H)>6m		$H/10000$ 且≤80	经纬仪、尺量

备忘录：

>> 任务实施

根据任务书要求，以小组为单位制定工作方案。

>> 5-2-4

任务分配表

分小组完成检测任务，填写建筑主体垂直度检测成果表，见表5.2.4。

建筑主体垂直度检测成果表　　　　　　　　表 5.2.4

第　页，共　页

工程名称			建筑层数			检测单位		
仪器设备			仪器状况			检测依据		
点号	建筑高度（m）	检测方向	偏移方向	偏移量（mm）	倾斜量（mm）	垂直度（‰）	倾斜方向	备注

校核：　　　　　　检测：　　　　　　记录：　　　　　　见证：

》评价反馈

填写工作任务考核评价表。

》5-2-5

考核评价表

学习情境 5.3　构件挠度检测

≫ 学习目标

通过学习情境的学习，会查阅相关规范，掌握混凝土构件挠度检测的方法及要求，能独立使用相关仪器设备完成混凝土构件挠度检测。

≫ 学习任务

某混凝土结构住宅楼主体结构施工完成，某检测机构受建设单位委托，现需对该住宅楼主体结构进行挠度检测。接受委托后，查阅相关规范获取混凝土构件挠度检测的有效信息，并按照规范要求完成混凝土结构构件挠度检测。任务完成后，按照现场管理规范清理场地、归还仪器设备、资料归档，并按照环保规定处置废弃物。

≫ 知识获取

《混凝土结构现场检测技术标准》GB/T 50784—2013 中对构件挠度检测数量与检测方法提出了明确的要求，检测的偏差允许值应按《混凝土结构工程施工质量验收规范》GB 50204—2015 确定，电阻应变计应按《混凝土结构试验方法标准》GB/T 50152—2012 确定，在检测报告中应提供量测的位置和必要的说明。

≫5-3-1

混凝土构件
挠度检测

1. 检测依据

（1）《混凝土结构现场检测技术标准》GB/T 50784—2013。

（2）《混凝土结构工程施工质量验收规范》GB 50204—2015。

（3）《混凝土结构试验方法标准》GB/T 50152—2012。

2. 检测要求

（1）构件挠度检测时宜对受检范围内存在挠度变形的构件进行全数检测，当不具备全数检测条件时，可根据约定抽样原则选择下列构件进行检测：

1）重要的构件。

2）跨度较大的构件。

3）外观质量差或损伤严重的构件。

4）变形较大的构件。

≫5-3-2

混凝土构件挠度
检测技术要求

（2）构件挠度检测应符合下列规定：

1）构件挠度可采用水准仪或拉线的方法进行检测。

2）检测时宜消除施工偏差或截面尺寸变化造成的影响。

3）检测时应提供跨中最大挠度值和受检构件的计算跨度值。当需要得到受检构件挠度曲线时，应沿跨度方向等间距布置不少于 5 个测点。

（3）当需要确定受检构件荷载-挠度变化曲线时，宜采用百分表、挠度计、位移传感器等设备直接测量挠度值。

3. 检测仪器

水准仪、拉线直尺。

4. 检测方法

试验中应根据试件变形量测的需要布置位移量测仪表，并由量测的位移值计算试件的挠度、转角等变形参数。试件位移量测应在试件最大位移处及支座处布置测点。

（1）对宽度较大的试件，应在试件的两侧布置测点，并取量测结果的平均值作为该处的实测值；对具有边肋的单向板，除应量测边肋挠度外，还应量测板宽中央的最大挠度；位移量测应采用仪表测读。对于试验后期变形较大的情况，可拆除仪表改用水准仪-标尺量测或采用拉线-直尺等方法进行量测。试验后期位移量测方法如图 5.3.1 所示。

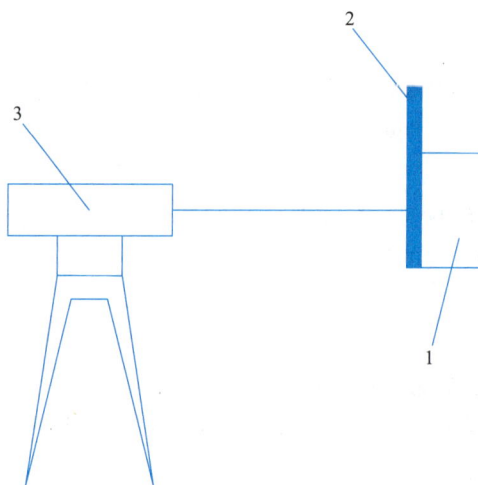

(a) 水准仪量测位移

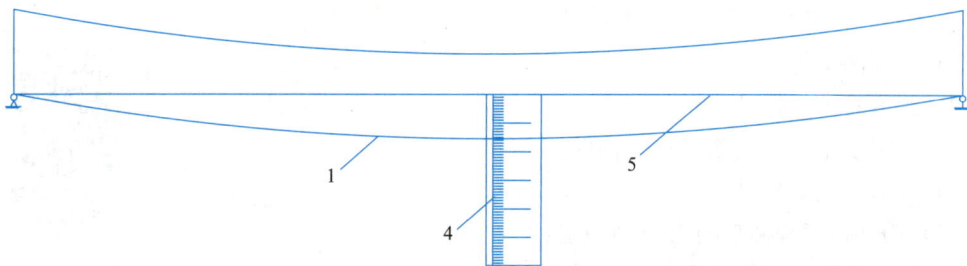

(b) 拉线直尺量测挠度

1-试件；2-标尺；3-水准仪；4-直尺；5-拉线。

图 5.3.1　试验后期位移量测方法

（2）对屋架、桁架挠度测点应布置在下弦杆跨中或最大挠度的节点位置上，需要时也可在上弦杆节点处布置测点。对屋架、桁架和具有侧向推力的结构构件，还应在跨度方向的支座两端布置水平测点，量测结构在荷载作用下沿跨度方向的水平位移。加载后期挠度过大时往往已超出量程，为继续量测并保护仪表安全，可以拆除仪表，改用拉线-直尺或者水准仪-标尺等方法量测结构或构件的竖向变形。此类方法也经常在结构原位加载试验变形-位移的量测中应用。

（3）试件自重和加载设备重量产生的挠度值一般在开始试验量测时已经产生，所以实测值未包含这部分变形，故分析试件总挠度时需要通过计算考虑试件在自重和加载设备重量作用下的挠度计算值。

（4）量测试件挠度曲线测点布置

1）受弯及偏心受压构件的测点布置。量测挠度曲线的测点应沿构件跨度方向布置，包括量测支座沉降和变形的测点在内，测点不应少于五个；对于跨度大于 6m 的构件，测点数量还宜适当增多。

2）双向板、空间薄壳结构的测点布置。量测挠度曲线的测点应沿两个跨度或主曲率方向布置，且任一方向的测点数包括量测支座沉降和变形的测点在内不应少于五个；屋架、桁架量测挠度曲线的测点应沿跨度方向各下弦节点处布置。

（5）确定悬臂构件自由端的挠度实测值时，应消除支座转角和支座沉降的影响。悬臂构件自由端在各级试验荷载作用下直接量测得到的挠度实测值包括了支座转角和沉降的影响，故试验中应同步量测支座的变形值在数据处理时进行修正以消除其影响。当采用电阻应变计量测应变时，应有可靠的温度补偿措施。在温度变化较大的环境中采用机械式应变仪量测应变时，应对温度影响进行修正。为消除温度对量测结果的影响，电阻应变计可采用桥路补偿法，也可采用自补偿应变片等方法。

量测结构构件应变时，测点布置应符合下列要求：

1）对受弯构件，应在弯矩最大的截面上沿截面高度布置测点，每个截面不宜少于 2 个，如图 5.3.2（a）所示；当需要量测沿截面高度的应变分布规律时，布置测点数不宜少于 5 个，如图 5.3.2（b）所示。

2）对轴心受力构件，应在构件量测截面两侧或四侧沿轴线方向相对布置测点，每个截面不应少于 2 个，如图 5.3.2（c）所示。

3）对偏心受力构件，量测截面上测点不应少于 2 个，如图 5.3.2（c）所示；如需量测截面应变分布规律时，测点布置应与受弯构件相同，如图 5.3.2（b）所示。

4）对于双向受弯构件，在构件截面边缘布置的测点不应少于 4 个，如图 5.3.2（d）所示。

5）对同时受剪力和弯矩作用的构件，当需要量测主应力大小和方向及剪应力时，应布置 45°或 60°的平面三向应变测点，如图 5.3.2（e）所示。

6）对受扭构件，应在构件量测截面的两长边方向的侧面对应部位上布置与扭转轴线呈 45°方向的测点，如图 5.3.2（f）所示；测点数量应根据研究目的确定。

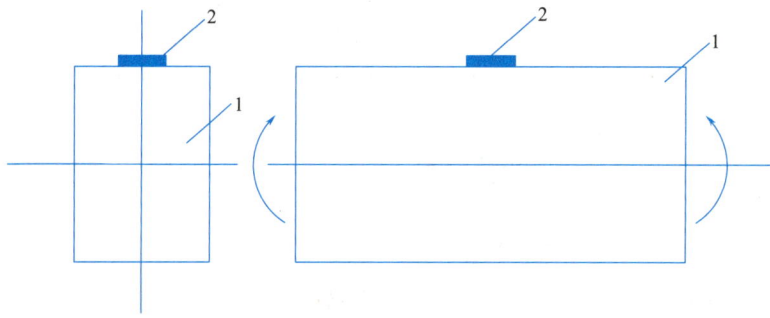

(a) 受弯构件应变测点布置

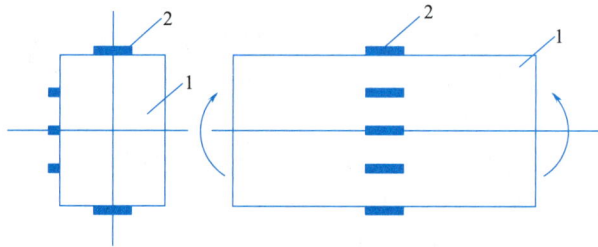

(b) 量测应变沿截面高度分布时受弯构件应变测点布置

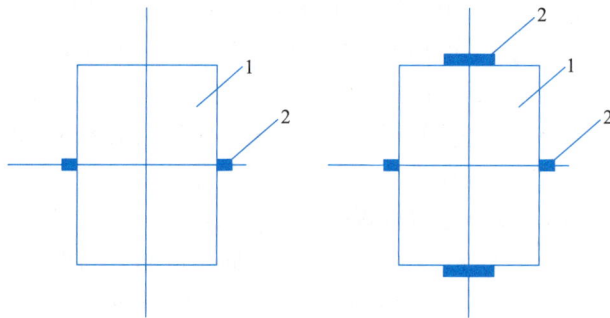

(c) 轴心受力构件应变测点布置

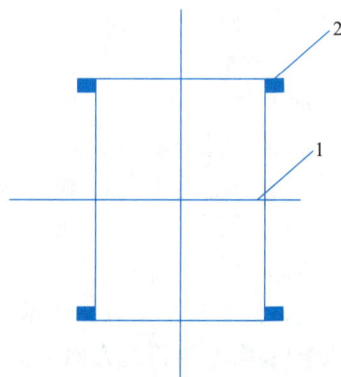

(d) 双向受弯构件应变测点布置

1-试件；2-应变计

图 5.3.2　构件应变测点布置（一）

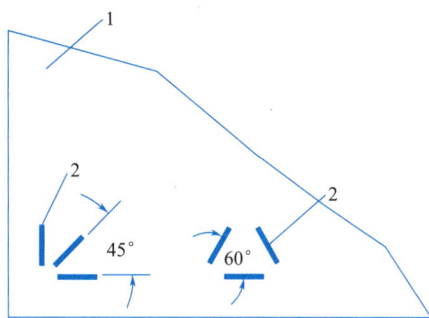

(e) 三向应变测点布置

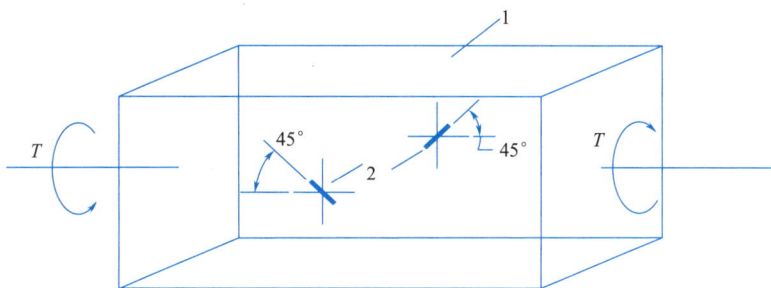

(f) 受纯扭构件应变测点布置

1-试件；2-应变计

图 5.3.2　构件应变测点布置（二）

备忘录：

›› 任务实施

根据任务书要求，以小组为单位制定工作方案。

检测过程中完整填写构件挠度变形监测原始记录表，见表 5.3.1。

>>5-3-3

任务分配表

构件挠度变形监测原始记录表   表 5.3.1

项目名称：		项目编号：			
检测设备：		检测环境：			
检测依据：					
测试部位或构件名称	跨度(mm)	实测相对高差(mm)			计算挠度值(mm)	备注
		端部	中部	端部		

检测人：　　　　　记录人：　　　　　校核人：　　　　　检测日期：　　　年　月　日

》评价反馈

填写工作任务考核评价表。

》5-3-4

考核评价表

学习情境 5.4　后锚固件、碳纤维片的结构性能检验

学习目标

通过学习情境的学习，会查阅相关规范，了解后锚固件、碳纤维片的结构性能检验的基本原理，掌握后锚固件、碳纤维片的结构性能检验的方法及要求，能独立使用相关仪器设备完成后锚固件的拉拔试验及碳纤维片的正拉粘结强度试验，并能依据规范要求判定后锚固件及碳纤维片的结构性能是否满足规范要求。

学习任务

某混凝土结构住宅楼主体结构施工完成，现发现部分混凝土构件存在质量问题，某检测机构受建设单位委托，对该住宅楼主体结构出现质量问题的混凝土构件进行检测。接受委托后，查阅相关规范获取混凝土构件检测的有效信息，并按照规范要求完成后锚固件、碳纤维片的结构性能检验，规范填写检测原始记录表。任务完成后，按照现场管理规范清理场地、归还仪器设备、资料归档，并按照环保规定处置废弃物。

铆钉精神

1955 年 9 月 1 日，我国"桥梁长子"武汉长江大桥正式开工建设。1956 年，大桥钢梁铆合后，工人检查发现有的铆钉和孔眼之间有缝隙，出现松动，钢梁立即停止向前拼接。先期铆合的 1 万多个铆钉全部拆除更换，直到重新铆接后的铆钉质量超过国家标准 5%，误差只有零点几毫米。100 多万颗铆钉，全靠手工完成。整个施工过程的精益求精，成就了"万里长江第一桥"，历经风雨近七十载，百万铆钉无一松动。也向世界展示了我们中国的桥梁技术。在新时代新征程上，我们也要做一颗永不松动的铆钉，在小小的岗位上，成就大大的事业。

知识获取

后锚固件是指在已成型的混凝土结构上通过钻孔、植筋、膨胀等方式设置的锚固件（如化学植筋、膨胀螺栓、机械锚栓等），主要用于连接外部构件（如幕墙、支架、设备基础等）。后锚固件的承载力检验是确保锚固系统安全可靠的关键环节，核心目的是验证锚固件在实际受力状态下能否达到设计要求的承载能力，防止因锚固失效导致的结构安全事故。

碳纤维片在混凝土结构加固工程中的使用日益广泛，其与原混凝土结构表面的粘结强度的现场检测方法适用于纤维复合材与基材混凝土之间，以结构胶粘剂、界面胶（剂）为粘结材料粘合，在均匀拉应力作用下发生内聚、粘附或混合破坏的正拉粘结强度测定。该方法不适用于测定室温条件下涂刷、粘合与固化的，质量大于 $300g/m^2$ 碳纤维织物与基材混凝土的正拉粘结强度。

>> 5-4-1

后锚固件承载力
检测仪器设备

1. 后锚固件的承载力检验

1.1 适用范围

本方法适用于混凝土结构后锚固工程质量的现场检验，后锚固工程质量应按锚固件抗拔承载力的现场抽样检验结果进行评定。

后锚固件应进行抗拔承载力现场非破损检验，满足下列条件之一时，还应进行破坏性检验：

（1）安全等级为一级的后锚固构件。

（2）悬挑结构和构件。

（3）对后锚固设计参数有疑问。

（4）对该工程锚固质量有怀疑。

受现场条件限制无法进行原位破坏性检验时，可在工程施工的同时，现场浇筑同条件的混凝土块体作为基材安装锚固件，并按规定的时间进行破坏性检验，还应事先征得设计和监理单位的书面同意，并在现场见证试验。

1.2 检测依据

《混凝土结构后锚固技术规程》JGJ 145—2013。

1.3 抽样规则

（1）锚固质量现场检验抽样时，应以同品种、同规格、同强度等级的锚固件安装于锚固部位。基本相同的同类构件为一检验批，并应从每一检验批所含的锚固件中进行抽样。

（2）现场破坏性检验宜选择锚固区以外的同条件位置，应取每一检验批锚固件总数的0.1%且不少于5件进行检验。锚固件为植筋且数量不超过100件时，可取3件进行检验。

（3）现场非破损检验的抽样数量，应符合下列规定：

1）锚栓锚固质量的非破损检验

① 对重要结构构件及生命线工程的非结构构件，应按表5.4.1规定的抽样数量对该检验批的锚栓进行检验。

重要结构构件及生命线工程的非结构构件锚栓锚固质量非破损检验抽样表　表5.4.1

检验批的锚栓总数	≤100	500	1000	2500	≥5000
按检验批的锚栓总数计算的最小抽样量	20%且不少于5件	10%	7%	4%	3%

注：当锚栓总数介于两栏数量之间时，可按线性内插法确定抽样数量。

② 对一般结构构件，应取重要结构构件抽样量的50%且不少于5件进行检验。

③ 对非生命线工程的非结构构件，应取每一检验批锚固件总数的0.1%且不少于5件进行检验。

2）植筋锚固质量的非破损检验

① 对重要结构构件及生命线工程的非结构构件，应取每一检验批植筋总数的3%且不

少于 5 件进行检验。

② 对一般结构构件，应取每一检验批植筋总数的 1％且不少于 3 件进行检验。

③ 对非生命线工程的非结构构件，应取每一检验批锚固件总数的 0.1％且不少于 3 件进行检验。

（4）胶粘的锚固件，其检验宜在锚固胶达到其产品说明书标示的固化时间的当天进行。若因故需推迟抽样与检验日期，除应征得监理单位同意外，推迟不应超过 3d。

1.4　检测仪器

（1）拉拔仪

拉拔仪应符合下列规定：

1）设备的加载能力应比预计的检验荷载值至少大 20％，且不大于检验荷载的 2.5 倍，设备应能连续、平稳、速度可控地运行。

2）加载设备应能够按照规定的速度加载，测力系统整机允许偏差为全量程的±2％。

3）设备的液压加载系统持荷时间不超过 5min 时，其降荷值不应大于 5％。

4）加载设备应能够保证所施加的拉伸荷载始终与后锚固构件的轴线一致。

（2）支撑环

加载设备支撑环内径 D_0 应符合下列规定：

1）植筋：D_0 不应小于 12d 和 250mm 的较大值。

2）膨胀型锚栓和扩底型锚栓：D_0 不应小于 4h_{ef}。

3）化学锚栓发生混合破坏及钢材破坏时：D_0 不应小于 12d 和 250mm 的较大值。

4）化学锚栓发生混凝土锥体破坏时：D_0 不应小于 4h_{ef}。

（3）位移仪表

当委托方要求检测重要结构锚固件连接的荷载-位移曲线时，现场测量位移的装置应符合下列规定：

1）仪表的量程不应小于 50mm；其测量的允许偏差应为±0.02mm。

2）测量位移装置应能与测力系统同步工作，连续记录，测出锚固件相对于混凝土表面的垂直位移，并绘制荷载-位移的全程曲线。

（4）检定要求

现场检验用的仪器设备应定期由法定计量检定机构进行检定。若遇到读数出现异常或者拆卸检查或更换零部件后的情况时，还应重新检定。

1.5　加载方式

检验锚固拉拔承载力的加载方式可为连续加载或分级加载，可根据实际条件选用。

（1）非破损检验时，施加荷载应符合下列规定：

1）连续加载时，应以均匀速率在 2～3min 时间内加载至设定的检验荷载，并持荷 2min。

2）分级加载时，应将设定的检验荷载均分为 10 级，每级持荷 1min，直至设定的检验荷载，并持荷 2min。

3）荷载检验值应取 $0.9f_{yk}A_s$ 和 $0.8N_{Rk,*}$ 的较小值。其中，$N_{Rk,*}$ 为非钢材破坏承载

力标准值，可按《混凝土结构后锚固技术规程》JGJ 145—2013 有关规定计算。

（2）破坏性检验时，施加荷载应符合下列规定：

1）连续加载时，对锚栓应以均匀速率在 2～3min 时间内加载至锚固破坏；对植筋应以均匀速率在 2～7min 时间内加载至锚固破坏。

2）分级加载时，前 8 级，每级荷载增量应取为 $0.1N_u$，且每级持荷 1～1.5min；自第 9 级起，每级荷载增量应取为 $0.05N_u$，且每级持荷 30s，直至锚固破坏。N_u 为计算的破坏荷载值。

1.6 结果评定

（1）非破损检验的评定，应按下列规定进行：

1）试样在持荷期间，锚固件无滑移、基材混凝土无裂纹或其他局部损坏迹象出现，且加载装置的荷载示值在 2min 内无下降或下降幅度不超过 5% 的检验荷载时，应评定为合格。

2）一个检验批所抽取的试样全部合格时，该检验批应评定为合格检验批。

3）一个检验批中不合格的试样不超过 5% 时，应另抽 3 根试样进行破坏性检验，若检验结果全部合格，该检验批仍可评定为合格检验批。

4）一个检验批中不合格的试样超过 5% 时，该检验批应评定为不合格，且不应重做检验。

（2）锚栓破坏性检验发生混凝土破坏，检验结果满足式（5.4.1）、式（5.4.2）要求时，其锚固质量应评定为合格：

$$N_{Rm}^c \geqslant \gamma_{u,lim} N_{Rk,*} \tag{5.4.1}$$

$$N_{Rmin}^c \geqslant N_{Rk,*} \tag{5.4.2}$$

式中　N_{Rm}^c——受检验锚固件极限抗拔力实测平均值（N）；

N_{Rmin}^c——受检验锚固件极限抗拔力实测最小值（N）；

$N_{Rk,*}$——混凝土破坏受检验锚固件极限抗拔力标准值（N），按《混凝土结构后锚固技术规程》JGJ 145—2013 有关规定计算；

$\gamma_{u,lim}$——锚固承载力检验系数允许值，$\gamma_{u,lim}$ 取为 1.1。

（3）锚栓破坏性检验发生钢材破坏，检验结果满足式（5.4.3）要求时，其锚固质量应评定为合格：

$$N_{Rmin}^c \geqslant \frac{f_{stk}}{f_{yk}} N_{Rk,s} \tag{5.4.3}$$

式中　N_{Rmin}^c——受检验锚固件极限抗拔力实测最小值（N）；

$N_{Rk,s}$——锚栓钢材破坏受拉承载力标准值（N），按《混凝土结构后锚固技术规程》JGJ 145—2013 第 6 章有关规定计算。

（4）植筋破坏性检验结果满足式（5.4.4）、式（5.4.5）要求时，其锚固质量应评定为合格：

$$N_{Rm}^c \geqslant 1.45 f_y A_s \tag{5.4.4}$$

$$N_{Rmin}^c \geqslant 1.45 f_y A_s \tag{5.4.5}$$

式中　N_{Rm}^c——受检验锚固件极限抗拔力实测平均值（N）；

>> 5-4-3

后锚固件承载力
检测结果评定

N^c_{Rmin}——受检验锚固件极限抗拔力实测最小值（N）；

f_y——植筋用钢筋的抗拉强度设计值（N/mm²）；

A_s——钢筋截面面积（mm²）。

（5）当检验结果不满足上述第（1）～（4）条的规定时，应判定该检验批后锚固连接不合格，并应会同有关部门根据检验结果，研究采取专门措施处理。

2. 碳纤维片正拉粘结强度试验

2.1　适用范围

碳纤维片正拉粘结强度试验适用于纤维复合材与基材混凝土，以结构胶粘剂、界面胶（剂）为粘结材料粘合，在均匀拉应力作用下发生内聚、粘附或混合破坏的正拉粘结强度测定；不适用于测定室温条件下涂刷、粘合与固化的，质量大于300g/m² 碳纤维织物与基材混凝土的正拉粘结强度。本节主要内容参照《建筑结构加固工程施工质量验收规范》GB 50550—2010 附录 E，此规范中是室内试验的规定，但工程现场检测碳纤维片材粘结强度的方法和原理与之是一致的。

2.2　试验装置

（1）拉力试验机

拉力试验机的力值量程选择，应使试样的破坏荷载值发生在该机标定的满负荷值的20%～80%之间；力值的示值误差不得大于1%。试验机夹持器的构造应能使试件垂直对中固定，避免产生偏心和扭转的作用。

（2）试件夹具

试件夹具应由带拉杆的钢夹套与带螺杆的钢标准块构成，且应以 45 号碳钢制作；其形状及主要尺寸如图 5.4.1 所示。

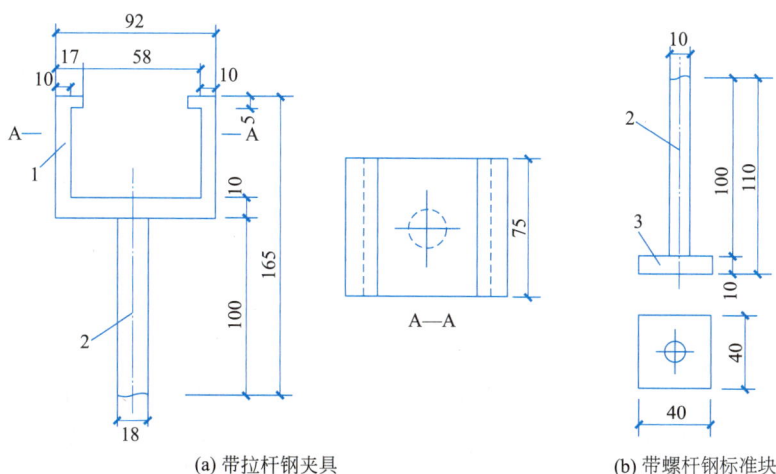

(a) 带拉杆钢夹具　　　　　　　　　　(b) 带螺杆钢标准块

1-钢夹具；2-螺杆；3-标准块

图 5.4.1　试件夹具及钢标准块尺寸

（注：图中尺寸单位为 mm）

（3）试件

实验室条件下测定正拉粘结强度应采用组合式试件。在现场检测时，混凝土构件与表面粘贴的碳纤维片通过胶粘剂组成一个整体，也可视为组合式试件。以胶粘剂为粘结材料的试件应由混凝土试块（图5.4.2）、胶粘剂、加固材料（如纤维复合材或钢板等）及钢标准块相互粘合而成（图5.4.3）。

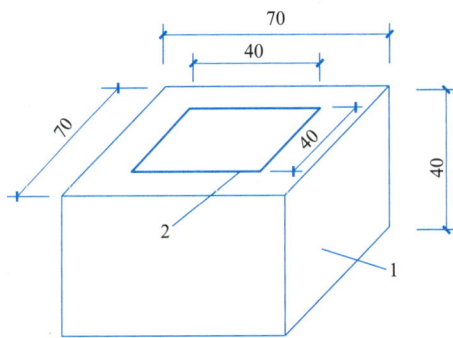

1-混凝土试块；2-预切缝

图5.4.2 混凝土试块形式及尺寸

（注：图中尺寸单位为mm）

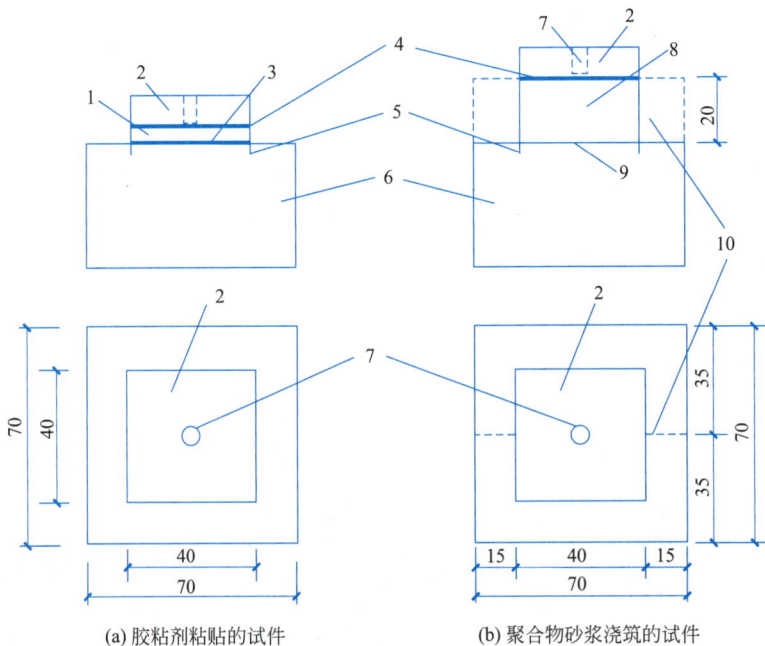

(a) 胶粘剂粘贴的试件　　(b) 聚合物砂浆浇筑的试件

1-加固材料；2-钢标准块；3-受检胶的胶缝；4-粘贴标准块的快固胶；5-预切缝；6-混凝土试块；7-ϕ10螺孔；8-现浇聚合物砂浆层（复合砂浆层）；9-结构界面胶（剂）；10-虚线部分表示浇筑砂浆用可拆卸模具的安装位置

图5.4.3 正拉粘结强度试验的试件

（注：图中尺寸单位为mm）

（4）试样组成部分的制备

1）受检粘结材料应按产品使用说明书规定的工艺要求进行配制和使用。

2）混凝土试块的尺寸应为 70mm×70mm×40mm；其混凝土强度等级，对 A 级和 B 级胶粘剂，均应为 C40～C45；对 A 级和 B 级界面胶（剂），应分别为 C40 和 C25。对 I 级和 II 级聚合物砂浆，其试块强度等级与界面胶（剂）的要求相同。试块浇筑后应经 28d 标准养护；试块使用前，应以专用的机械切出深度为 4～5mm 的预切缝，缝宽约 2mm，预切缝围成的方形平面，其净尺寸应为 40mm×40mm，并应位于试块的中心。混凝土试块的粘贴面（方形平面）应作打毛处理。打毛深度应达骨料表面，且手感粗糙，无尖锐凸起。试块打毛后应清理洁净，不得有松动的骨料和粉尘。

（5）加固材料的取样

纤维复合材应按规定的抽样规则取样；从纤维复合材中间部位裁剪出尺寸为 40mm×40mm 的试件；试件外观应无划痕和折痕；粘合面应洁净，无油脂、粉尘等影响胶粘的污染物。

（6）钢标准块

钢标准块宜用 45 号碳钢制作；其中心应有安装 φ10 螺杆用的螺孔。标准块与加固材料粘合的表面应经喷砂或其他机械方法的糙化处理；糙化程度应以喷砂效果为准。标准块可重复使用，但重复使用前应完全清除粘合面上的粘结材料层和污迹，并重新进行表面处理。

碳纤维片粘结强度检测取样规则

2.3　试件的粘合、浇筑与养护

首先在混凝土试块的中心位置，按规定的粘合工艺粘贴加固材料（如纤维复合材或薄钢板），若为多层粘贴，应在胶层指干时立即粘贴下一层。当检验聚合物砂浆或复合砂浆时，应在试块上先安装模具，再浇筑砂浆层；若产品使用说明书规定需涂刷结构界面胶（剂）时，还应在混凝土试块上先刷上界面胶（剂）再浇筑砂浆层。试件粘贴或浇筑时，应采取措施防止胶液或砂浆流入预切缝。粘贴或浇筑完毕后，应按产品使用说明书规定的工艺要求进行加压、养护，分别经 7d 固化（胶粘剂）或 28d 硬化（砂浆）后，用快固化的高强胶粘剂将钢标准块粘贴在试件表面。每一道作业均应检查各层之间的对中情况。

> **小提示：**
>
> 对结构胶粘剂的加压、养护，若工期紧，且征得有关各方同意，允许采用以下快速固化、养护制度：
>
> 1. 在 40℃条件下烘烤 24h；烘烤过程中仅允许有 2℃的正偏差。
>
> 2. 自然冷却至 23℃后，再静置 16h，即可贴上标准块。

碳纤维片粘结强度检测试验步骤

2.4　试验步骤

（1）试件组装

试件应安装在钢夹具（图 5.4.4）内并拧上传力螺杆。安装完成后

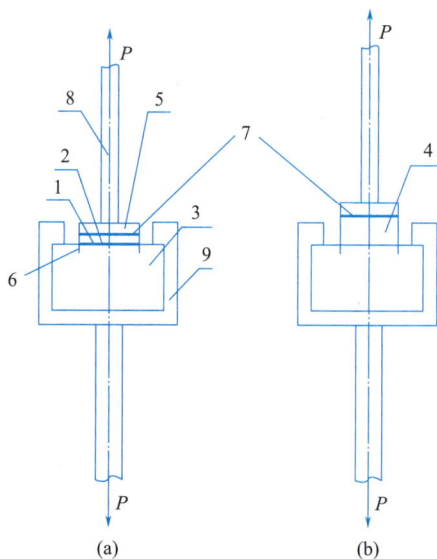

1-受检胶粘剂；2-被粘合的纤维复合材或钢板；3-混凝土试块；4-聚合物砂浆层；5-钢标准块；
6-混凝土试块预切缝；7-快固化高强胶粘剂的胶缝；8-传力螺杆；9-钢夹具

图5.4.4 试件组装

各组成部分的对中标志线应在同一轴线上。常规试验的试样数量每组不应少于5个；仲裁试验的试样数量应加倍。

（2）试验环境

试验环境应保持在：温度（23±2）℃、相对湿度（50±5）％～（65±10）％。若试样系在异地制备后送检，应在试验标准环境条件下放置24h后才进行试验，且应将异地制备的情况记载于检验报告上。

小提示：

仲裁性试验的试验室相对湿度应控制在45％～55％。

（3）试验步骤

将安装在夹具内的试件（图5.4.3）置于试验机上下夹持器之间，并调整至对中状态后夹紧。以3mm/min的均匀速率加载直至破坏。记录试样破坏时的荷载值，并观测其破坏形式。

2.5 试验结果判别

正拉粘结强度应按式（5.4.6）计算：

$$f_{ti} = p_i / A_{ai} \qquad (5.4.6)$$

式中 f_{ti}——试样 i 的正拉粘结强度（MPa）；

p_i——试样 i 破坏时的荷载值（N）；

A_{ai}——金属标准块 i 的粘合面面积（mm²）。

5-4-7

碳纤维片粘结
强度检测结果
评定

（1）试样破坏形式及其正常性判别

1）试样破坏形式应按下列规定划分：

① 内聚破坏：应分为基材混凝土内聚破坏和受检粘结材料的内聚破坏；后者可见于使用低性能、低质量的胶粘剂（或聚合物砂浆和复合砂浆）的场合。

② 粘附破坏（层间破坏）：应分为胶层或砂浆层与基材之间的界面破坏及胶层与纤维复合材或钢板之间的界面破坏。

③ 混合破坏：粘合面出现两种或两种以上的破坏形式。

2）破坏形式正常性判别，应符合下列规定：

① 当破坏形式为基材混凝土内聚破坏，或虽出现两种或两种以上的混合破坏形式，但基材混凝土内聚破坏形式的破坏面积占粘合面面积 85％ 以上，均可判定为正常破坏。

② 当破坏形式为粘附破坏、粘结材料内聚破坏或基材混凝土内聚破坏面积少于 85％ 的混合破坏，均应判定为不正常破坏。

小提示：

钢标准块与检验用高强、快固化胶粘剂之间的界面破坏，属检验技术问题，应重新粘贴，不参与破坏形式正常性评定。

（2）破坏形式正常性判别

1）单组试验结果的合格评定，应符合下列规定：

① 当一组内每一试件的破坏形式均属正常时，应舍去组内最大值和最小值，而以中间三个值的平均值作为该组试验结果的正拉粘结强度推定值。若该推定值不低于《混凝土结构加固设计规范》GB 50367—2013 规定的相应指标（对界面胶、界面剂暂按底胶的指标执行），则可评定该组试件正拉粘结强度检验结果合格。

② 当一组内仅有一个试件的破坏形式不正常，允许以加倍试件重做一组试验。若试验结果全数达到上述要求，则仍可评定该组为试验合格组。

2）检验批试验结果的合格评定，应符合下列要求：

① 若一检验批的每一组均为试验合格组，则应评定该批粘结材料的正拉粘结性能符合安全使用的要求。

② 若一检验批中有一组或一组以上为不合格组，则应评定该批粘结材料的正拉粘结性能不符合安全使用要求。

③ 若检验批由不少于 20 组试件组成，且仅有一组被评定为试验不合格组，则仍可评定该批粘结材料的正拉粘结性能符合使用要求。

3）试验报告应包括下列内容：

① 受检胶粘剂、聚合物砂浆或界面剂的品种、型号和批号。

② 抽样规则及抽样数量。

③ 试件制备方法及养护条件。

④ 试件的编号和尺寸。

⑤ 试验环境的温度和相对湿度。

⑥ 仪器设备的型号、量程和检定日期。

⑦ 加载方式及加载速度。

⑧ 试件的破坏荷载及破坏形式。

⑨ 试验结果整理和计算。

⑩ 取样、测试、校核人员及测试日期。

备忘录:

>> 任务实施

根据任务书要求，以小组为单位制定工作方案。

>> 5-4-8

任务分配表

植筋/锚栓抗拉拔现场检测原始记录表、碳纤维粘结强度检测原始记录表，见表 5.4.2、表 5.4.3。

植筋/锚栓抗拉拔现场检测原始记录表　　　　　　　表 5.4.2

工程名称		施工单位	
委托单位		检验性质	
见证单位		见证人员	
检测数量		代表批量	
破损类别		样品状态	
检验设备		锚固件类别	
加载方式		委托日期	
施工日期		检验日期	
检测地点		混凝土等级	
植筋规格		锚固深度	
检验依据	《混凝土结构后锚固技术规程》JGJ 145—2013		

续表

序号	检测部位	规格	承载力设计值 N_t(kN)	实测结果(kN)	备注
检验记录					

校核：　　　　　　　　　　　　　　　　　　　　　　检验：

碳纤维粘结强度检测原始记录表　　　　　　表 5.4.3

工程名称			委托单位		
建设单位			施工单位		
试验环境		仪器型号		仪器编号	
碳纤维型号		胶粘剂型号		加载速度	
规格	检测部位	检测位置	检测结果		备注
			测点号	抗拔力(N)	

检测员： （日期）	施工单位： （日期）	建设单位(监理单位) （日期）

>> 评价反馈

填写工作任务考核评价表。

>> 5-4-9

考核评价表

习题

一、单选题

1. 对于锚栓锚固质量的非破损检验，下列说法不正确的是（　　）。

A. 对重要结构构件及生命线工程的非结构构件，若检验批的锚栓总数≤100件，则最小抽样量为检验批锚栓总数的20％，且不少于5件

B. 对重要结构构件及生命线工程的非结构构件，若检验批的锚栓总数≥5000件，则最小抽样量为检验批锚栓总数的3％

C. 对一般结构构件，应取重要结构构件抽样量的30％，且不少于3件进行检验

D. 对非生命线工程的非结构构件，应取每一检验批锚固件总数的0.1％，且不少于5件进行检验

2. 对于拉拔仪的使用，下列说法正确的是（　　）。

A. 设备的加荷能力应比预计的检验荷载值至少大于20％，且不大于检验荷载2.5倍，设备应能连续、平稳、速度可控地运行

B. 加载设备应能够按照规定的速度加载，测力系统整机允许偏差为全量程的±5％

C. 设备的液压加载系统持荷时间不超过5min时，其降荷值不应大于5％

D. 加载设备应能够保证所施加的拉伸荷载始终与后锚固构件的轴线一致

3. 下列有关加载设备支撑环内径 D_0 的说法，不正确的是（　　）。

A. 植筋 D_0 不应大于12d 和250mm的较小值

B. 膨胀型锚栓和扩底型锚栓，D_0 不应小于4h_{ef}（代表锚件的基本埋置深度）

C. 化学锚栓发生混合破坏及钢材破坏时，D_0 不应小于12d 和250mm的较大值

D. 化学锚栓发生混凝土锥体破坏时，D_0 不应小于4h_{ef}

4. 检验锚固拉拔承载力的加载方式可为连续加载或分级加载，可根据实际条件选用。分级加载时，应将设定的检验荷载均分为（　　）级，每级持荷1min，直至设定的检验荷载，并持荷2min。

A. 8　　　　　　　B. 9　　　　　　　C. 10　　　　　　　D. 11

5. 对后锚固件拉拔试验进行破坏性检验时，现场破坏性检验宜选择锚固区以外的同条件位置，应取每一检验批锚固件总数的0.1％且不少于（　　）件进行检验。

A. 3　　　　　　　B. 5　　　　　　　C. 6　　　　　　　D. 7

6. 植筋锚固质量的非破损检验时，对重要结构构件及生命线工程的非结构构件，应取每一检验批植筋总数的 3% 且不少于（　　）件进行检验。

A. 1　　　　　　　B. 3　　　　　　　C. 4　　　　　　　D. 5

7. 后锚固件拉拔试验的仪器设备中，当检测重要结构锚固件的荷载-位移曲线时，位移仪表的量程不应小于（　　）mm。

A. 30　　　　　　　B. 50　　　　　　　C. 60　　　　　　　D. 70

二、多选题

1. 关于后锚固件拉拔试验拉力试验机的使用要求，下列说法不正确的是（　　）。

A. 拉力试验机的力值量程选择，应使试样的破坏荷载发生在该机标定的满负荷的 10%～70% 之间

B. 力值的示值误差不得大于 3%

C. 试验机夹持器的构造应能使试件垂直对中固定

D. 不产生偏心和扭转的作用

E. 试件夹具应由带拉杆的钢夹套与带螺杆的钢标准块构成

2. 关于碳纤维片正拉粘结强度试验钢标准块，下列说法正确的是（　　）。

A. 钢标准块用 45 号碳钢制作

B. 其中心应有安装 $\phi 20$ 螺杆用的螺孔

C. 标准块与加固材料粘合的表面应经喷砂或其他机械方法的糙化处理

D. 糙化程度应以喷砂效果为准

E. 标准块不可重复使用

学习领域 6

建筑结构鉴定

学习背景

学习背景描述

本学习领域基于实际工程，按照《建筑结构检测技术标准》GB/T 50344—2019、《民用建筑可靠性鉴定标准》GB 50292—2015 等标准及规范对某混凝土结构办公楼进行检测鉴定，掌握民用建筑可靠性鉴定的方法与要求。

学习目标

（1）知识目标：了解民用建筑可靠性鉴定的鉴定程序及其工作内容，掌握民用建筑安全性鉴定、使用性鉴定、可靠性鉴定评级的各层次分级标准。

（2）能力目标：能独立制定民用建筑鉴定的可靠性鉴定的鉴定方案，能够出具科学客观的鉴定报告，提出原则性的处理意见。

（3）素质目标：培养学生在结构检测中严格遵守规范的质量意识，在工程鉴定中实事求是的职业素养。

项目概况

（1）工程名称：××住宅楼。

（2）建设单位：××置业发展有限公司。

（3）设计单位：××工程设计有限公司。

（4）勘察单位：××地质工程勘察院。

（5）施工单位：××建设集团股份有限公司。

（6）监理单位：××监理有限责任公司。

（7）建设地点：××市××区。

（8）建筑面积：3506.22m^2。

（9）建筑层数：地上 3 层。

（10）建设高度：12.3m。

（11）结构类型：框架结构。

未详尽之处，见工程施工图纸中建筑设计总说明及结构设计总说明。项目建筑施工图、结构图见项目图纸-项目 3。

项目图纸

知识导入

通过建筑物可靠性鉴定，及时发现建筑物的可靠性隐患，为采取必要的安全措施提供科学依据。可靠性鉴定还可以帮助人们了解建筑物的结构状况、耐久性和使用寿命等信息，为建筑物的资产管理提供依据。此外，如果建筑物存在较严重的质量缺陷或者安全隐患，可靠性鉴定可以帮助人们及时采取措施，避免事故的发生，保障人员的生命财产安全。

思维导图

‹ 学习情境 6.1　民用建筑可靠性鉴定 ›

›› 学习目标

通过学习情境的学习，会查阅相关规范，了解民用建筑可靠性鉴定的鉴定程序及其工作内容，熟悉各类鉴定评级的层次、等级划分以及工作步骤和内容，掌握民用建筑安全性鉴定、使用性鉴定、可靠性鉴定评级的各层次分级标准。

›› 学习任务

某混凝土结构办公楼主体结构需改变其使用用途，某检测机构受建设单位委托，现需对该办公楼主体结构进行结构可靠性鉴定。接受委托后，查阅相关规范获取房屋可靠性鉴定工作程序的有效信息，并按照规范要求梳理出房屋可靠性鉴定的工作程序及要求。

›› 知识获取

1. 鉴定分类

民用建筑可靠性鉴定可分为可靠性鉴定、安全性鉴定、使用性鉴定及专项鉴定四大类，分别适用于不同状况的建筑物。

（1）可靠性鉴定，适用状况如下：

1）建筑物大修前。

2）建筑物改造、改建或扩建前。

3）建筑物改变用途或使用环境时。

4）建筑物达到设计使用年限拟继续使用时。

（2）安全性鉴定，适用状况如下：

1）危房鉴定及各种应急鉴定。

2）国家法规规定的房屋安全性定期统一检查。

3）临时性房屋需延长使用期限。

4）使用性鉴定中发现安全问题。

（3）使用性鉴定，适用状况如下：

1）建筑物使用维护的常规检查。

2）建筑物有较高舒适性要求。

（4）专项鉴定，适用状况如下：

1）对维修改造有专门要求时。

2）结构需进行耐久性问题治理时。

3）结构存在明显的振动影响时。

4）结构需进行长期监测时。

2. 鉴定程序及其工作内容

鉴定程序包括初步调查、详细调查、补充调查、检测、试验、理论计算等多个环节。民用建筑可靠性鉴定，应按规定的程序进行，如图 6.1.1 所示。民用建筑可靠性鉴定的目的、范围及内容，应根据委托方提出的鉴定原因和要求，经初步调查后确定。

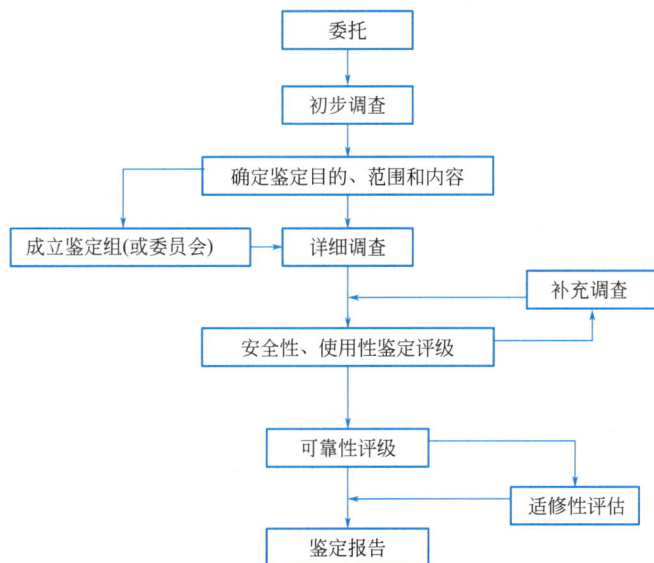

图 6.1.1 鉴定程序

（1）初步调查

1）查阅图纸资料：包括岩土工程勘察报告、设计计算书、设计变更记录、施工图、施工及施工变更记录、竣工图、竣工质检及验收文件（包括隐蔽工程验收记录）、定点观测记录、事故处理报告、维修记录、历次加固改造图纸等。

2）查询建筑物历史：如原始施工、历次修缮、加固、改造、用途变更、使用条件改变以及受灾等情况。

3）考察现场：按资料核对实物现状，调查建筑物实际使用条件和内外环境、查看已发现的问题、听取有关人员的意见等。

4）填写初步调查表。

5）制定详细调查计划及检测、试验工作大纲并提出需由委托方完成的准备工作。

（2）详细调查

1）结构体系基本情况勘查。

2）结构使用条件调查核实。

3）地基基础，包括桩基础的调查与检测。

4）材料性能检测分析。

5）承重结构检查。

6）围护系统的安全状况和使用功能调查。

7）易受结构位移、变形影响的管道系统调查。

（3）民用建筑可靠性鉴定评级的层次、等级划分以及工作步骤和内容

安全性和正常使用性的鉴定评级，应按构件、子单元和鉴定单元划分三个层次。每一层次分为四个安全性等级和三个使用性等级，并应按表6.1.1规定的检查项目和步骤，从第一层开始，分层进行。

可靠性鉴定评级的层次、等级划分及工作内容　　　　　　　　　表 6.1.1

层次		一	二		三
层名		构件	子单元		鉴定单元
安全性鉴定	等级	a_u、b_u、c_u、d_u	A_u、B_u、C_u、D_u		A_{su}、B_{su}、C_{su}、D_{su}
	地基基础	—	地基变形评级	地基基础评级	鉴定单元安全性评级
		按同类材料构件各检查项目评定单个基础等级	地基稳定性评级（斜坡）		
			承载力评级		
	上部承重结构	按承载能力、构造、不适于继续承载的位移或残损等检查项目评定单个构件等级	每种构件集评级	上部承重结构评级	
			结构侧向位移评级		
			按结构布置、支撑、圈梁、结构间连系等检查项目评定结构整体性等级		
	围护系统承重部分	按上部承重结构检查项目及步骤评定围护系统承重部分各层次安全性等级			
使用性鉴定	等级	a_s、b_s、c_s	A_s、B_s、C_s		A_{ss}、B_{ss}、C_{ss}
	地基基础	—	按上部承重结构和围护系统工作状态评估地基基础等级		鉴定单元正常使用性评级
	上部承重结构	按位移、裂缝、风化、锈蚀等检查项目评定单个构件等级	每种构件集评级	上部承重结构评级	
			结构侧向位移评级		
	围护系统功能	—	按屋面防水、吊顶、墙、门窗、地下防水及其他防护设施等检查项目评定围护系统功能等级	围护系统评级	
		按上部承重结构检查项目及步骤评定围护系统承重部分各层次使用性等级			
可靠性鉴定	等级	a、b、c、d	A、B、C、D		Ⅰ、Ⅱ、Ⅲ、Ⅳ
	地基基础	以同层次安全性和正常使用性评定结果并列表达，或按标准规定的原则确定其可靠性等级			鉴定单元可靠性评级
	上部承重结构				
	围护系统				

3. 鉴定评级及标准

鉴定评级将建筑结构体系按照结构失效逻辑关系，划分为三个层次：构件、子单元、鉴定单元。三个层次均按《民用建筑可靠性鉴定标准》GB 50292—2015 进行安全性、使用性、可靠性鉴定和等级划分（表 6.1.2～表 6.1.4）。

其中不同的是安全性和可靠性的三个层次均按四个等级表示，而使用性鉴定的三个层次按三个等级表示。

安全性鉴定分级标准　　　　　　　　　　　　表 6.1.2

层次	鉴定对象	等级	分级标准	处理要求
一	单个构件或其检查项目	a_u	安全性符合本标准对 a_u 级的要求，具有足够的承载能力	不必采取措施
		b_u	安全性略低于本标准对 a_u 级的要求，尚不显著影响承载能力	可不采取措施
		c_u	安全性不符合本标准对 a_u 级的要求，显著影响承载能力	应采取措施
		d_u	安全性不符合本标准对 a_u 级的要求，已严重影响承载能力	必须及时或立即采取措施
二	子单元或子单元中的某种构件集	A_u	安全性符合本标准对 A_u 级的要求，不影响整体承载	可能有个别一般构件应采取措施
		B_u	安全性略低于本标准对 A_u 级的要求，尚不显著影响整体承载	可能有极少数构件应采取措施
		C_u	安全性不符合本标准对 A_u 级的要求，显著影响整体承载	应采取措施，且可能有极少数构件必须立即采取措施
		D_u	安全性极不符合本标准对 A_u 级的要求，严重影响整体承载	必须立即采取措施
三	鉴定单元	A_{su}	安全性符合本标准对 A_{su} 级的要求，不影响整体承载	可能有极少数一般构件应采取措施
		B_{su}	安全性略低于本标准对 A_{su} 级的要求，尚不显著影响整体承载	可能有极少数构件应采取措施
		C_{su}	安全性不符合本标准对 A_{su} 级的要求，显著影响整体承载	应采取措施，且可能有极少数构件必须立即采取措施
		D_{su}	安全性严重不符合本标准对 A_{su} 级的要求，严重影响整体承载	必须立即采取措施

民用建筑正常使用性鉴定评级的各层次分级标准，应按表 6.1.3 的规定采用。

使用性鉴定分级标准 表 6.1.3

层次	鉴定对象	等级	分级标准	处理要求
一	单个构件或其检查项目	a_s	使用性符合本标准对 a_s 级的要求,具有正常的使用功能	不必采取措施
		b_s	使用性略低于本标准对 a_s 级的要求,尚不显著影响使用功能	可不采取措施
		c_s	使用性不符合本标准对 a_s 级的要求,显著影响使用功能	应采取措施
二	子单元或其中某种构件集	A_s	使用性符合本标准对 A_s 级的要求,不影响整体使用功能	可能有极少数一般构件应采取措施
		B_s	使用性略低于本标准对 A_s 级的要求,尚不显著影响整体使用功能	可能有极少数构件应采取措施
		C_s	使用性不符合本标准对 A_s 级的要求,显著影响整体使用功能	应采取措施
三	鉴定单元	A_{ss}	使用性符合本标准对 A_{ss} 级的要求,不影响整体使用功能	可能有极少数一般构件应采取措施
		B_{ss}	使用性略低于本标准对 A_{ss} 级的要求,尚不显著影响整体使用功能	可能有极少数构件应采取措施
		C_{ss}	使用性不符合本标准对 A_{ss} 级的要求,显著影响整体使用功能	应采取措施

民用建筑可靠性鉴定评级的各层次分级标准,应按表 6.1.4 的规定采用。

可靠性鉴定分级标准 表 6.1.4

层次	鉴定对象	等级	分级标准	处理要求
一	单个构件	a	可靠性符合本标准对 a 级的要求,具有正常的承载功能和使用功能	不必采取措施
		b	可靠性略低于本标准对 a 级的要求,尚不显著影响承载功能和使用功能	可不采取措施
		c	可靠性不符合本标准对 a 级的要求,显著影响承载功能和使用功能	应采取措施
		d	可靠性极不符合本标准对 a 级的要求,已严重影响安全	必须及时或立即采取措施
二	子单元或其中的某种构件	A	可靠性符合本标准对 A 级的要求,不影响整体承载功能和使用功能	可能有个别一般构件应采取措施
		B	可靠性略低于本标准对 A 级的要求,但尚不显著影响整体承载功能和使用功能	可能有极少数构件应采取措施
		C	可靠性不符合本标准对 A 级的要求,显著影响整体承载功能和使用功能	应采取措施,且可能有极少数构件必须及时采取措施
		D	可靠性极不符合本标准对 A 级的要求,已严重影响安全	必须及时或立即采取措施

续表

层次	鉴定对象	等级	分级标准	处理要求
三	鉴定单元	Ⅰ	可靠性符合本标准对Ⅰ级的要求,不影响整体承载功能和使用功能	可能有极少数一般构件应在使用性或安全性方面采取措施
		Ⅱ	可靠性略低于本标准对Ⅰ级的要求,尚不显著影响整体承载功能和使用功能	可能有极少数构件应在安全性或使用性方面采取措施
		Ⅲ	可靠性不符合本标准对Ⅰ级的要求,显著影响整体承载功能和使用功能	应采取措施,且可能有极少数构件必须及时采取措施
		Ⅳ	可靠性极不符合本标准对Ⅰ级的要求,已严重影响安全	必须及时或立即采取措施

4. 安全性鉴定评级

4.1　构件

构件安全性鉴定评级可分为混凝土结构构件、砌体结构构件和钢结构构件等单个构件的鉴定评级,应根据构件的不同种类分别评级。当需通过荷载试验评估结构构件的安全性时,应按现行专门标准进行。若检验结果表明,其承载力符合设计和规范要求,可根据其完好程度,定为 a_u 级或 b_u 级;若承载力不符合设计和规范要求,可根据其严重程度,定为 c_u 级或 d_u 级。

有些构件可不参与鉴定,但若考虑到其他层次鉴定评级的需要,且有必要给出该构件的安全性等级时,可根据其实际完好程度定为 a_u 级或 b_u 级。

混凝土结构构件的安全性鉴定,应按承载能力、构造、不适于继续承载的位移(或变形)和裂缝(或其他损伤)等四个检查项目,分别评定每一受检构件的等级,并取其中最低一级作为该构件安全性等级。当混凝土结构构件有较大范围损伤时,应根据其实际严重程度直接定为 c_u 级或 d_u 级。

(1)承载能力评定

当混凝土结构构件的安全性按承载能力评定时,应按表6.1.5的规定,分别评定每一验算项目的等级,然后取其中最低一级作为该构件承载能力的安全性等级。

混凝土结构构件承载能力等级的评定　　　　表 6.1.5

构件类别	$R/\gamma_0 S$			
	a_u 级	b_u 级	c_u 级	d_u 级
主要构件及节点、连接	≥1.0	≥0.95	≥0.90	<0.90
一般构件	≥1.0	≥0.90	≥0.85	<0.85

注:表中 R 和 S 分别为结构构件的抗力和作用效应;γ_0 为结构重要性系数,应按验算所依据的国家现行设计规范选择安全等级,并确定本系数的取值。

（2）构造评定

当混凝土结构构件的安全性按构造评定时，应按表 6.1.6 的规定，分别评定三个检查项目的等级，然后取其中较低一级作为该构件构造的安全性等级。

混凝土结构构件构造等级的评定　　　　表 6.1.6

检查项目	a_u 级或 b_u 级	c_u 级或 d_u 级
结构构造	结构、构件的构造合理，符合或基本符合现行设计规范要求	结构、构件的构造不当，或有明显缺陷，不符合现行设计规范要求
连接（或节点）构造	连接方式正确，构造符合国家现行设计规范要求，无缺陷，或仅有局部的表面缺陷，工作无异常	连接方式不当，构造有明显缺陷，已导致焊缝或螺栓等发生变形、滑移、局部拉脱、剪坏或裂缝等
受力预埋件	构造合理，受力可靠，无变形、滑移、松动或其他损坏	构造有明显缺陷，已导致预埋件发生变形、滑移、松动或其他损坏

注：评定结果取 a_u 级或 b_u 级，应根据其实际完好程度确定；评定结果取 c_u 级或 d_u 级，应根据其实际严重程度确定。

（3）位移（或变形）评定

当混凝土结构构件的安全性按不适于继续承载的位移（或变形）评定时，应遵守下列规定：

1）对桁架（屋架、托架）的挠度，当其实测值大于其计算跨度的 1/400 时，应首先验算其承载能力。验算时，应考虑由位移产生的附加应力的影响，并按下列规定评级：

① 若验算结果不低于 b_u 级，仍可定为 b_u 级。

② 若验算结果低于 b_u 级，应根据其实际严重程度定为 c_u 级或 d_u 级。

2）对其他受弯构件的挠度或施工偏差超限造成的侧向弯曲，应按表 6.1.7 的规定评级。

混凝土受弯构件不适于继续承载的变形评定　　　　表 6.1.7

检查项目	构件类别		c_u 级或 d_u 级
挠度	主要受弯构件——主梁、托梁等		$>l_0/250$
	一般受弯构件	$l_0 \leqslant 9\text{m}$	$>l_0/150$ 或 $>45\text{mm}$
		$l_0 > 9\text{m}$	$>l_0/200$
侧向弯曲的矢高	预制屋面梁、桁架或深梁		$>l_0/500$

注：表中 l_0 为计算跨度。

（4）裂缝评定

钢筋混凝土结构出现裂缝的原因很多，裂缝对结构影响的差异也很大，产生原因也不同，可将裂缝大致分为受力裂缝和非受力裂缝。

当混凝土结构构件出现表 6.1.8 所列的受力裂缝时，应视为不适于继续承载的裂缝，并根据其实际严重程度定为 c_u 级或 d_u 级。

混凝土构件不适于继续承载的裂缝宽度的评定　　　　　　表 6.1.8

检查项目	环境	构件类别		c_u 级或 d_u 级
受力主筋处的弯曲(含一般弯剪)裂缝和受拉裂缝宽度(mm)	室内正常环境	钢筋混凝土	主要构件	＞0.50
			一般构件	＞0.70
		预应力混凝土	主要构件	＞0.20(0.30)
			一般构件	＞0.30(0.50)
	高湿度环境	钢筋混凝土	任何构件	＞0.40
		预应力混凝土		＞0.10(0.20)
剪切裂缝和受压裂缝(mm)	任何环境	钢筋混凝土或预应力混凝土		出现裂缝

当混凝土结构构件出现下列情况之一的非受力裂缝时，也应视为不适于继续承载的裂缝，并根据其实际严重程度定为 c_u 级或 d_u 级：

1) 因主筋锈蚀（或腐蚀），导致混凝土产生沿主筋方向开裂、保护层脱落或掉角。

2) 因温度、收缩等作用产生的裂缝，其宽度已超过规定的弯曲裂缝宽度值的 50%，且分析表明已显著影响结构的受力。

4.2　子单元

(1) 地基基础安全性评定

地基基础子单元的安全性鉴定，应根据地基变形或地基承载力的评定结果进行确定。对建在斜坡场地的建筑物，还应按边坡场地稳定性的评定结果进行确定。

1) 地基变形评定

A_u 级：不均匀沉降小于《建筑地基基础设计规范》GB 50007—2011 规定的允许沉降差；沉降速率小于 0.01mm/d；建筑物无沉降裂缝、变形或位移。

B_u 级：不均匀沉降不大于《建筑地基基础设计规范》GB 50007—2011 规定的允许沉降差；沉降速率小于 0.05mm/d，连续两个月地基沉降量小于每月 2mm；建筑物的上部结构虽有轻微裂缝，但无发展迹象。

C_u 级：不均匀沉降大于《建筑地基基础设计规范》GB 50007—2011 规定的允许沉降差；沉降速率大于 0.05mm/d，建筑物上部结构的沉降裂缝有继续发展趋势。

D_u 级：不均匀沉降远大于《建筑地基基础设计规范》GB 50007—2011 规定的允许沉降差；沉降速率大于 0.05mm/d，且尚有变快趋势；建筑物上部结构的沉降裂缝发展显著；砌体的裂缝宽度大于 3mm；现浇结构也已开始出现沉降裂缝。

2) 地基承载力评定

当地基基础承载力符合《建筑地基基础设计规范》GB 50007—2011 的要求时，可根据建筑物的完好程度评为 A_u 级或 B_u 级。

当地基基础承载力不符合《建筑地基基础设计规范》GB 50007—2011 的要求时，可根据建筑物开裂损伤的严重程度评为 C_u 级或 D_u 级。

3) 边坡场地的稳定性评定

A_u 级：建筑场地地基稳定，无滑动迹象及滑动史。

B_u 级：建筑场地地基在历史上曾有过局部滑动，经治理后已停止滑动，且近期评估表明，在一般情况下，不会再滑动。

C_u 级：建筑场地地基在历史上发生过滑动，目前虽已停止滑动，但若触动诱发因素，今后仍有可能再滑动。

D_u 级：建筑场地地基在历史上发生过滑动，目前又有滑动或滑动迹象。

（2）上部承重结构安全性评定

上部承重结构子单元的安全性鉴定评级，应根据其承载功能等级、结构的整体性等级以及结构侧向位移等级等评定结果进行确定。

上部承重结构的安全性等级，应根据下列原则确定：

1）一般情况下，应按上部结构承载功能和结构侧向位移（或倾斜）的评级结果，取其中最低一级作为上部承重结构（子单元）的安全性等级。

2）当上部承重结构按上款评为 B_u 级，但若发现各主要构件集所含的 c_u 级构件（或其节点、连接域）处于下列情况之一时，宜将所评等级降为 C_u 级。

① 出现 c_u 级构件交汇的节点连接。

② c_u 级存在于人群密集场所或其他破坏后果严重的部位。

3）当上部承重结构按标准评为 C_u 级，但若发现其主要构件集有下列情况之一时，宜将所评等级降为 D_u 级。

① 多层或高层房屋中，其底层柱集为 c_u 级。

② 多层或高层房屋的底层，或任一空旷层，或框支剪力墙结构的框架层的柱集为 d_u 级。

③ 在人群密集场所或其他破坏后果严重部位，出现不止一个 d_u 级构件。

4）当上部承重结构按上款评为 A_u 级或 B_u 级，而结构整体性等级为 C_u 级时，应将所评的上部承重结构安全性等级降为 C_u 级。

5）当上部承重结构在按以上规定作了调整后仍为 A_u 级或 B_u 级，而各种一般构件集中，其等级最低的一种为 C_u 级或 D_u 级时，若设计考虑该种一般构件参与支撑系统（或其他抗侧力系统）工作，或在抗震加固中，已加强了该种构件与主要构件锚固，则应将所评的上部承重结构安全性等级降为 C_u 级。

（3）围护系统承重部分的安全性评定

围护系统承重部分（子单元）的安全性，应根据该系统专设的和参与该系统工作的各种承重构件的安全性等级，以及该部分结构整体性的安全性等级进行评定。围护系统承重部分评定的安全性等级，不得高于上部承重结构的等级。

4.3 鉴定单元

民用建筑鉴定单元的安全性鉴定评级，应根据其地基基础、上部承重结构和围护系统承重部分等的安全性等级，以及与整幢建筑有关的其他安全问题进行评定。

（1）鉴定单元的安全性等级，应根据子单元的评定结果，按下列原则规定：

1）一般情况下，应根据地基基础和上部承重结构的评定结果按其中较低等级确定。

2）当鉴定单元的安全性等级按上款评为 A_{su} 级或 B_{su} 级，但围护系统承重部分的等级为 C_u 级或 D_u 级时，可根据实际情况将鉴定单元所评等级降低一级或二级，但最后所定的等级不得低于 C_{su} 级。

（2）对下列任一情况，可直接评为 D_{su} 级建筑：

1）建筑物处于有危房的建筑群中，且直接受到其威胁。

2）建筑物朝一方向倾斜，且速度开始变快。

（3）当新测定的建筑物动力特性，与原先记录或理论分析的计算值相比，有下列变化时，可判定其承重结构可能有异常，但应经进一步检查、鉴定后再评定该建筑物的安全性等级。

1）建筑物基本周期显著变长（或基本频率显著下降）。

2）建筑物振型有明显改变（或振幅分布无规律）。

5. 使用性鉴定评级

5.1　构件

单个构件使用性的鉴定评级，应根据其不同的材料种类，分别按相关规定执行。使用性鉴定，应以现场的调查、检测结果为基本依据。当遇到下列情况之一时，结构的主要构件鉴定，还应按正常使用极限状态的要求进行计算分析与验算：

（1）检测结果需与计算值进行比较。

（2）检测只能取得部分数据，需通过计算分析进行鉴定。

（3）为改变建筑物用途、使用条件或使用要求而进行的鉴定。

混凝土结构构件的使用性鉴定，应按位移（或变形）、裂缝、缺陷和损伤等四个检查项目，分别评定每一受检构件的等级，并取其中最低一级作为该构件使用性等级。应注意混凝土结构构件碳化深度的测定结果，主要用于鉴定分析，不参与评级。但若构件主筋已处于碳化区内，则应在鉴定报告中指出，并应结合其他项目的检测结果提出处理的建议。

（1）位移（或变形）评定

当混凝土桁架和其他受弯构件的正常使用性按其挠度检测结果评定时，应按下列规定评级：

1）若检测值小于计算值及现行设计规范限值时，应评为 a_s 级。

2）若检测值大于或等于计算值，但不大于现行设计规范限值时，应评为 b_s 级。

3）若检测值大于现行设计规范限值时，应评为 c_s 级。

应注意在一般的结构鉴定中，对检测值小于现行设计规范限值的情况，直接根据其完好程度定为 a_s 级或 b_s 级。

当混凝土柱的使用性需要按其柱顶水平位移（或倾斜）检测结果评定时，可按下列原则评级：

1）若该位移的出现与整个结构有关，应取与上部承重结构相同的级别作为该柱的水平位移等级。

2）若该位移的出现只是孤立事件，则可根据其检测结果直接评级。

（2）裂缝评定

1）裂缝评定分为有计算值评定和无计算值评定，若无计算值评定时，应按表 6.1.9 或表 6.1.10 的规定评级。

2）当沿主筋方向出现锈迹或细裂缝时，应直接评为 c_s 级。

钢筋混凝土构件裂缝宽度评定标准 表 6.1.9

检查项目	环境类别和作用等级	构件种类		裂缝评定标准		
				a_s 级	b_s 级	c_s 级
受力主筋处的弯曲裂缝或弯剪裂缝宽度(mm)	I-A	主要构件	屋架、托架	≤0.15	≤0.20	>0.20
			主梁、托梁	≤0.20	≤0.30	>0.30
		一般构件		≤0.25	≤0.40	>0.40
	I-B、I-C	任何构件		≤0.15	≤0.20	>0.20
	II	任何构件		≤0.10	≤0.15	>0.15
	III、IV	任何构件		无肉眼可见的裂缝	≤0.10	>0.10

预应力混凝土构件裂缝宽度评定标准 表 6.1.10

检查项目	环境类别和作用等级	构件种类	裂缝评定标准		
			a_s 级	b_s 级	c_s 级
受力主筋处的弯曲裂缝或弯剪裂缝宽度(mm)	I-A	主要构件	无裂缝 (≤0.05)	≤0.05 (≤0.10)	>0.05 (>0.10)
		一般构件	≤0.02 (≤0.15)	≤0.10 (≤0.25)	>0.10 (>0.25)
	I-B、I-C	任何构件	无裂缝	≤0.02 (≤0.05)	>0.02 (>0.05)
	II、III、IV	任何构件	无裂缝	无裂缝	有裂缝

3）若一根构件同时出现两种以上的裂缝，应分别评级，并取其中最低一级作为该构件的裂缝等级。

（3）构件缺陷或损伤评定

混凝土构件的缺陷和损伤项目应按表 6.1.11 的规定评级。

混凝土构件的缺陷和损伤等级的评定 表 6.1.11

检查项目	a_s 级	b_s 级	c_s 级
缺陷	无明显缺陷	局部有缺陷，但缺陷深度小于钢筋保护层厚度	有较大范围的缺陷，或局部的严重缺陷，且缺陷深度大于钢筋保护层厚度
钢筋锈蚀损伤	无锈蚀现象	探测表明有可能锈蚀	已出现沿主筋方向的锈蚀裂缝，或明显的锈迹
混凝土腐蚀损伤	无腐蚀损伤	表面有轻度腐蚀损伤	有明显腐蚀损伤

5.2 子单元

（1）地基基础使用性鉴定

地基基础的使用性可根据其上部承重结构和围护系统的工作状态进行评估。地基基础的使用性等级，应按下列原则确定：

1）当上部承重结构和围护系统的使用性检查未发现问题，或所发现问题与地基基础无关时，可根据实际情况定为 A_s 级或 B_s 级。

2）当上部承重结构和围护系统所发现的问题与地基基础有关时，可根据上部承重结构和围护系统所评的等级，取其中较低一级作为地基基础使用性等级。

（2）上部承重结构使用性鉴定

上部承重结构子单元的使用性鉴定评级，应根据其所含各种构件的使用性等级和结构的侧向位移等级进行评定。当建筑物的使用要求对振动有限制时，还应评估振动（颤动）的影响。

（3）围护系统使用性鉴定

围护系统子单元的使用性鉴定评级，应根据该系统的使用功能及其承重部分的使用性等级进行评定。当评定围护系统使用功能时，应按表 6.1.12 规定的检查项目及其评定标准逐项评级。

围护系统使用功能等级的评定　　　　　　　　　　　　　　　　　表 6.1.12

检查项目	A_s 级	B_s 级	C_s 级
屋面防水	防水构造及排水设施完好,无老化、渗漏及排水不畅的迹象	构造、设施基本完好,或略有老化迹象,但尚不渗漏及积水	构造、设施不当或已损坏,或有渗漏,或积水
吊顶（天棚）	构造合理,外观完好,建筑功能符合设计要求	构造稍有缺陷,或有轻微变形或裂纹,或建筑功能略低于设计要求	构造不当或已损坏,或建筑功能不符合设计要求,或出现有碍外观的下垂
非承重内墙（含隔墙）	构造合理,与主体结构有可靠联系,无可见变形,面层完好,建筑功能符合设计要求	略低于 A_s 级要求,但尚不显著影响其使用功能	已开裂、变形,或已破损,或使用功能不符合设计要求
外墙（自承重墙或填充墙）	墙体及其面层外观完好,墙脚无潮湿迹象,墙厚符合节能要求	略低于 A_s 级要求,但尚不显著影响其使用功能	不符合 A_s 级要求,且已显著影响其使用功能
门窗	外观完好,密封性符合设计要求,无剪切变形迹象,开闭或推动自如	略低于 A_s 级要求,但尚不显著影响其使用功能	门窗构件或其连接已损坏,或密封性差,或有剪切变形,已显著影响其使用功能
地下防水	完好,且防水功能符合设计要求	基本完好,局部可能有潮湿迹象,但尚未渗漏	有不同程度损坏或有渗漏
其他防护设施	完好,且防护功能符合设计要求	有轻微缺陷,但尚不显著影响其防护功能	有损坏,或防护功能不符合设计要求

5.3　鉴定单元

（1）民用建筑鉴定单元的使用性鉴定评级，应根据地基基础、上部承重结构和围护系统的使用性等级，以及与整幢建筑有关的其他使用功能问题进行评定。

（2）鉴定单元的使用性等级，应根据子单元的评定结果，按三个子单元中最低的等级确定。

（3）当鉴定单元的使用性等级按上一条评为 A_{ss} 级或 B_{ss} 级，但若遇到下列情况之一时，宜将所评等级降为 C_{ss} 级：

　1）房屋内外装修已大部分老化或残损。

　2）房屋管道、设备需全部更新。

6. 可靠性鉴定评级

（1）民用建筑的可靠性鉴定，应按表 6.1.1 划分的层次，以其安全性和使用性的鉴定结果为依据逐层进行。

（2）当不要求给出可靠性等级时，民用建筑各层次的可靠性，可直接列出其安全性等级和使用性等级的形式予以表示。

（3）当需要给出民用建筑各层次的可靠性等级时，可根据其安全性和正常使用性的评定结果，按下列原则确定：

　1）当该层次安全性等级低于 b_u 级、B_u 级或 B_{su} 级时，应按安全性等级确定。

　2）除以上情形外，可按安全性等级和正常使用性等级中较低的一个等级确定。

　3）当考虑鉴定对象的重要性或特殊性时，允许对评定结果作不大于一级的调整。

≫ 任务实施

根据任务书要求，以小组为单位制定工作方案。

分别梳理出民用建筑安全性鉴定三个层次（构件安全性鉴定、子单元安全性鉴定、鉴定单元安全性鉴定）的工作程序，见表 6.1.13，并列出工作程序中应注意的重点与难点问题。

≫ 6-1-1

任务分配表

任务实施表　　　　　　　　　　　　　　　表 6.1.13

>> 评价反馈

填写工作任务考核评价表。

>> 6-1-2

考核评价表

习题

一、单选题

1. 鉴定单元中细分的单元，一般可按地基基础（　　）和围护系统划分为三个子单元。

A. 主体结构　　　　　　　　　　B. 混凝土结构

C. 砌体结构　　　　　　　　　　D. 上部承重结构

2. 在下列情况中，可仅进行安全性鉴定，（　　）是错误答案。

A. 各种应急鉴定　　　　　　　　B. 遭受灾害或事故时

C. 建筑物改变用途或使用条件的鉴定　D. 使用性鉴定中发现的安全问题

3. 在下列情况中，应进行可靠性鉴定，（　　）是错误答案。

A. 建筑物改造或增容、改建或扩建前

B. 遭受灾害或事故时

C. 建筑物超过设计基准期继续使用的鉴定

D. 为制订建筑群维修改造规划而进行的普查

4. 民用建筑可靠性鉴定中详细调查的承重结构检查，（　　）是错误答案。

A. 基础和桩的工作状态　　　　　B. 构件及其连接工作情况

C. 结构支承工作情况　　　　　　D. 围护系统使用功能检查

5. 砌体结构构件的正常使用性鉴定，应按位移、非受力裂缝和（　　）等三个检查项目，分别评定每一受检构件的等级。

A. 承载能力　　　　　　　　　　B. 构造

C. 不适于继续承载的位移　　　　D. 裂缝

6. 木结构构件的正常使用性鉴定，应按位移、干缩裂缝和（　　）三个检查项目的检测结果，分别评定每一受检构件的等级。

A. 承载能力　　　　　　　　　　B. 虫蛀

C. 危险性的腐朽　　　　　　　　D. 初期腐朽

7. 混凝土结构构件的正常使用性鉴定，应按位移和（　　）两个检查项目，分别评定每一受检构件的等级。

A. 裂缝　　　　　　　　　　　　B. 承载能力

C. 构造   D. 风化（或粉化）

8. 民用建筑可靠性鉴定报告不包括（   ）。

A. 工程地质状况   B. 建筑物概况

C. 鉴定的目的   D. 检查、分析、鉴定的结果

9. 上部承重结构（子单元）的正常使用性鉴定应根据其所含各种构件的使用性等级和（   ）进行评定。

A. 各种构件的安全性等级   B. 结构的侧向位移

C. 结构的整体性等级   D. 其承重部分的使用功能等级

二、判断题

1. 已有建筑物是指已建成且已投入使用的建筑物。（   ）

2. 为制订建筑群维修改造规划而进行的普查，应进行可靠性鉴定。（   ）

3. 建筑物有特殊使用要求的专门鉴定，可仅进行正常使用性鉴定。（   ）

4. 安全性和正常使用性的鉴定评级分为三个层次，每一层次分为三个安全等级和三个使用性等级。（   ）

5. 结构构件验算采用的结构分析方法，应符合其实际受力与构造状况。（   ）

6. 钢结构构件的安全性鉴定，应按承载能力、构造、不适于继续承载的位移（或变形）和锈蚀（腐蚀）等四个检查项目评定等级。（   ）

7. 围护系统承重部分的安全性等级，不得高于上部承重结构。（   ）

8. 当不要求给出可靠性等级，民用建筑各层次的可靠性，可采取直接列出其安全性等级和使用性等级的形式予以表示。（   ）

9. 对有纪念意义或有文物、历史、艺术价值的建筑物，宜进行适修性评估，且予以修复和保存。（   ）

10. 对承重结构或构件的安全性鉴定所查出的问题，可根据实际情况，改变使用条件或改变用途。（   ）

三、填空题

1. 民用建筑可靠性鉴定，可分为安全性鉴定和_____。

2. 安全性和正常使用性的鉴定评级，应按_____、_____、_____分三个层次。

3. 混凝土结构构件的安全性鉴定，应按_____、_____以及不适于继续承载的位移（或变形）和_____等四个检查项目评定等级。

4. 民用建筑鉴定单元的正常使用性鉴定评定应根据地基基础、上部承重结构、_____的使用性等级以及与整幢建筑有关的其他使用功能问题进行评定。

四、综合题

在哪些情况下，应进行民用建筑的可靠性鉴定？

综合实训

综合实训1　某混凝土结构住宅楼实体质量检测

实训情境描述

　　按照《建筑结构检测技术标准》GB/T 50344—2019、《混凝土结构现场检测技术标准》GB/T 50784—2013、《混凝土结构工程施工质量验收规范》GB 50204—2015、《混凝土中钢筋检测技术标准》JGJ/T 152—2019、《回弹法检测混凝土抗压强度技术规程》JGJ/T 23—2011等规范、标准要求，针对学习领域2学习背景所示项目进行结构实体质量检测。

实训任务

　　某混凝土结构住宅楼主体结构施工完成，为了解结构实体质量是否满足设计及相关验收规范要求，为工程验收提供依据，某检测机构受建设单位委托，对该住宅楼主体结构进行结构实体质量检测。接受委托后，查阅相关规范获取混凝土结构建筑结构实体质量检测相关有效信息，并按照规范要求编制结构实体质量检测方案，依据检测方案完成检测，获取检测数据，并规范填写检测原始记录表，最后编制结构实体质量检测报告。任务完成后，按照现场管理规范清理场地、归还仪器设备、资料归档，并按照环保规定处置废弃物。

实训准备

　　(1) 阅读实训任务书，识读住宅楼施工图纸。
　　(2) 收集《建筑结构检测技术标准》GB/T 50344—2019、《混凝土结构现场检测技术标准》GB/T 50784—2013、《混凝土结构工程施工质量验收规范》GB 50204—2015、《混凝土中钢筋检测技术标准》JGJ/T 152—2019、《回弹法检测混凝土抗压强度技术规程》JGJ/T 23—2011等规范、标准中有关混凝土结构实体质量检测的知识。
　　(3) 结合任务书分析混凝土结构实体质量检测中的难点和常见问题。

》》7-1-1

项目1图纸

🎯 任务分组

根据任务书要求，以小组为单位制定工作方案。

7-1-2
任务分配表

🏔 实训实施

1. 制定检测方案

(1) 检测方案内容

引导问题1：检测方案应包括哪些主要技术内容？

(2) 工程概况编写

引导问题2：依据本学习领域学习背景以及项目施工图纸，编写工程概况，见表7.1.1。

工程概况表　　　　　　　　　　　　　　　　　　　　表 7.1.1

工程名称					
工程地点					
建设单位					
勘察单位					
设计单位					
监理单位					
施工单位					
栋号	结构类型	层数	面积(m²)	建筑用途	建筑高度(m)

（3）检测目的编写

引导问题 3:依据实训任务书,编写检测目的。

（4）检测依据整理

引导问题 4:依据实训情境描述及实训任务书,整理检测依据。

（5）检测项目确定

引导问题 5:依据实训任务书及相关规范要求,确定检测项目。

小提示:

　　《混凝土结构工程施工质量验收规范》GB 50204—2015 中 10.1.1 条规定,对涉及混凝土结构安全的有代表性的部位应进行结构实体检验。结构实体检验应包括混凝土强度、钢筋保护层厚度、结构位置与尺寸偏差以及合同约定的项目;必要时可检验其他项目。

（6）检测方法确定

引导问题6：依据检测项目，选择合适的检测方法并列出各检测方法的具体要求（包括但不限于检测步骤、数据处理要求、允许偏差、合格性判定等）。

1）混凝土构件强度检测

2）钢筋配置检测（包括钢筋数量、钢筋间距、保护层厚度等）

3）结构位置与尺寸偏差检测

（7）检测数量确定

引导问题 7：依据相关规范要求、住宅楼实际情况，划分检验批，确定抽样方法及检测数量。

1）检验批划分

2）抽样方法

3）检测数量

小提示：)))) --▶

建筑结构抽样检测的最小样本容量　　　　　　　　　表 7.1.2

检测批的容量	检测类别和样本最小容量			检测批的容量	检测类别和样本最小容量		
	A	B	C		A	B	C
2～8	2	2	3	501～1200	32	80	125
9～15	2	3	5	1201～3200	50	125	200
16～25	3	5	8	3201～10000	80	200	315
26～50	5	8	13	10001～35000	125	315	500
51～90	5	13	20	35001～150000	200	500	800
91～150	8	20	32	150001～500000	315	800	1250
151～280	13	32	50	＞500000	500	1250	2000
281～500	20	50	80				

注：检测类别 A 适用于一般施工质量的检测；检测类别 B 适用于结构质量或性能的检测；检测类别 C 适用于结构质量或性能的严格检测或复检。

（8）检测人员与仪器设备情况

引导问题8：依据检测项目与内容，合理选派检测人员，正确选用仪器设备，并如实填写表7.1.3、表7.1.4。

1）检测人员

项目拟派检测人员一览表 　　表7.1.3

序号	姓名	年龄	岗位职务	职称	从事试验检测年限	本工程主要负责事项
1						
2						
3						
4						
5						
6						

2）仪器设备

项目拟投入仪器设备清单 　　表7.1.4

序号	仪器或设备名称	规格型号	数量	备注
1				
2				
3				
4				
5				
6				

（9）检测工作进度计划

引导问题9：依据检测项目、内容以及实际情况，确定检测工作进度计划。

（10）需要委托方配合的工作

引导问题 10：依据检测项目、内容以及实际情况，确定需要委托方配合的工作。

（11）检测安全与环保措施

引导问题 11：依据检测项目、内容以及实际情况，确定检测过程中的安全与环保措施。

2. 确认仪器、设备状况

分组领取仪器设备，并分别确认各仪器的使用状况。现场检测所用仪器、设备的适用范围和检测精度应满足检测项目的要求。检测时，所用仪器、设备应在检定或校准周期内，并应处于正常状态。

3. 现场检测

（1）依据制订的检测方案，完成现场检测工作，现场检测的测区和测点应有清晰标注和编号，必要时标注和编号宜保留一定时间。

（2）严格规范做好数据记录。现场检测获取的数据或信息应符合下列要求：

1）人工记录时，宜用专用表格，并应做到数据准确、字迹清晰、信息完整，不得追记、涂改；当有笔误时，应进行杠改并签字确认。

2）仪器自动记录的数据应妥善保存，必要时，宜打印输出后经现场检测人员校对确认。

3）图像信息应标明获取信息的时间和位置。

（3）当发现检测数据数量不足或检测数据出现异常情况时，应进行补充检测或复检，且补充检测或复检应有必要的说明。

（4）混凝土结构现场检测工作结束后，应及时提出针对由于检测造成结构或构件局部损伤的修补建议。

4. 检测报告编写

检测报告应结论明确、用词规范、文字简练，对于容易混淆的术语和概念应以文字解释或辅以图例、图像说明。

（1）检测报告内容

检测报告应包括下列内容：

1）委托方名称。

2）建筑工程概况，包括工程名称、地址、结构类型、规模、施工日期及现状等。

3）设计单位、施工单位及监理单位名称。

4）检测原因、检测目的及以往相关检测情况概述。

5）检测项目、检测方法及依据的标准。

6）检测方式、抽样方法、检测数量与检测的位置。

7）检测项目的主要分类检测数据和汇总结果、检测结果、检测结论。

8）检测日期，报告完成日期。

9）主检、审核和批准人员的签名。

10）检测机构的有效印章。

（2）检测报告撰写要求

引导问题 12：检测报告有哪些撰写要求？依据检测数据及结果，以小组为单位，利用电脑编写检测报告并提交成果。

≫ 评价反馈

填写工作任务考核评价表。

≫7-1-3

考核评价表

综合实训 2　某砌体结构住宅楼施工质量检测

实训情境描述

按照《建筑结构检测技术标准》GB/T 50344—2019、《砌体工程现场检测技术标准》GB/T 50315—2011、《贯入法检测砌筑砂浆抗压强度技术规程》JGJ/T 136—2017、《砌体结构工程施工质量验收规范》GB 50203—2011 等规范、标准要求，针对学习领域 3 学习背景所示项目进行砌体结构施工质量检测。

实训任务

某砌体结构住宅楼主体结构施工完成，为了解砌体结构施工质量是否满足设计及相关验收规范要求，为工程验收提供依据，某检测机构受建设单位委托，对该住宅楼主体结构进行施工质量检测。接受委托后，查阅相关规范获取砌体结构施工质量检测相关有效信息，并按照规范要求编制砌体结构施工质量检测方案，依据检测方案完成检测，获取检测数据，并规范填写检测原始记录表，最后编制砌体结构施工质量检测报告。任务完成后，按照现场管理规范清理场地、归还仪器设备、资料归档，并按照环保规定处置废弃物。

实训准备

（1）阅读实训任务书，识读住宅楼施工图纸。

>> 7-2-1
项目2图纸

（2）收集《建筑结构检测技术标准》GB/T 50344—2019、《砌体工程现场检测技术标准》GB/T 50315—2011、《贯入法检测砌筑砂浆抗压强度技术规程》JGJ/T 136—2017、《砌体结构工程施工质量验收规范》GB 50203—2011 等规范、标准中有关砌体结构施工质量检测的知识。

（3）结合任务书分析砌体结构施工质量检测中的难点和常见问题。

任务分组

根据任务书要求，以小组为单位制定工作方案。

>> 7-2-2
任务分配表

实训实施

1. 制定检测方案

（1）工程概况编写

引导问题 1：依据本学习领域学习背景以及项目施工图纸，编写工程概况，见表 7.2.1。

工程概况表　　　　　　　　　　　　　　　　　　　　　　表 7.2.1

工程名称					
工程地点					
建设单位					
勘察单位					
设计单位					
监理单位					
施工单位					
栋号	结构类型	层数	面积（m²）	建筑用途	建筑高度（m）

（2）检测目的编写

引导问题 2：依据实训任务书，编写检测目的。

（3）检测依据整理

引导问题 3：依据实训情境描述及实训任务书，整理检测依据。

（4）检测项目确定

引导问题4：依据实训任务书及相关规范要求，确定检测项目。

（5）检测方法确定

引导问题5：依据检测项目，选择合适的检测方法并列出各检测方法的具体要求（包括但不限于检测步骤、数据处理要求、允许偏差、合格性判定等）。

1）砌筑质量与损伤检测

2）砖抗压强度检测

3）砂浆抗压强度检测

小提示:

依据《建筑结构检测技术标准》GB/T 50344—2019和《砌体结构工程施工质量验收规范》GB 50203—2011的规定，砌筑质量与损伤检测可分为砌筑方法、灰缝质量、砌筑偏差、构造、裂缝等检测分项。

1）砌筑方法的检测可分为上下错缝、内外搭砌、留槎、洞口和柱的包心砌法等检测分项。

2）灰缝质量的检测可分为灰缝厚度、灰缝平直程度和灰缝饱满程度等检测分项。

3）砌筑偏差的检测可分为砌筑偏差、构件垂直度和轴线偏差等检测分项。

4）砌体结构的构造检测可分为基本构造、结构构造和配筋砌体构造等检测分项。

5）裂缝检测应判定裂缝性质，如地基不均匀变形造成的裂缝、结构承载力不足造成的竖向受压贯通裂缝、局部承压的裂缝、太阳辐射热裂缝、温度裂缝等。

（6）检测数量确定

引导问题6：依据相关规范要求、住宅楼实际情况，划分检验批，确定检测数量。

1）检验批划分

2）检测数量

（7）检测人员与仪器设备情况

引导问题 7：依据检测项目与内容，合理选派检测人员，正确选用仪器设备。

1）检测人员

项目拟派检测人员如实填写表 7.2.2。

项目拟派检测人员一览表   表 7.2.2

序号	姓名	年龄	岗位职务	职称	从事试验检测年限	本工程主要负责事项
1						
2						
3						
4						
5						
6						

2）仪器设备

项目检测所用仪器设备填写清单表 7.2.3。

项目拟投入仪器设备清单   表 7.2.3

序号	仪器或设备名称	规格型号	数量	备注
1				
2				
3				
4				
5				
6				

（8）检测工作进度计划

引导问题 8：依据检测项目、内容以及实际情况，确定检测工作进度计划。

（9）需要委托方配合的工作

引导问题9：依据检测项目、内容以及实际情况，确定需要委托方配合的工作。

（10）检测安全与环保措施

引导问题10：依据检测项目、内容以及实际情况，确定检测过程中的安全与环保措施。

2. 确认仪器、设备状况

分组领取仪器设备，并分别确认各仪器的使用状况。现场检测所用仪器、设备的适用范围和检测精度应满足检测项目的要求。检测时，所用仪器、设备应在检定或校准周期内，并应处于正常状态。

3. 现场检测

（1）依据制定的检测方案，完成现场检测工作，现场检测的测区和测点应有清晰标注和编号，必要时标注和编号宜保留一定时间。

（2）严格规范做好数据记录

现场检测获取的数据或信息应符合下列要求：

1）人工记录时，宜用专用表格，并应做到数据准确、字迹清晰、信息完整，不得追记、涂改；当有笔误时，应进行杠改并签字确认。

2）仪器自动记录的数据应妥善保存，必要时宜打印输出后经现场检测人员校对确认。

3）图像信息应标明获取信息的时间和位置。

（3）当发现检测数据数量不足或检测数据出现异常情况时，应进行补充检测或复检，且补充检测或复检应有必要的说明。

（4）现场测试结束时，砌体如因检测造成局部损伤，应及时修补砌体局部损伤部位。

修补后的砌体，应满足原构件承载能力和正常使用的要求。

4. 检测报告编写

检测报告应结论明确、用词规范、文字简练，对于容易混淆的术语和概念应以文字解释或辅以图例、图像说明。

（1）检测报告内容

引导问题 11：检测报告应包含哪些内容？

（2）检测报告撰写要求

引导问题 12：检测报告有哪些撰写要求？依据检测数据及结果，以小组为单位，利用电脑编写检测报告并提交成果。

>> 评价反馈

填写工作任务考核评价表。

>> 7-2-3

考核评价表

综合实训 3　某框架结构住宅楼安全性检测鉴定

实训情境描述

根据给出的现场检测结果（包括：结构体系及构件布置检查结果；结构外观质量检查结果；承重结构构件检测结果，含构件材料强度、构件尺寸、构件变形、钢筋配置等；房屋整体变形检测结果；地基基础状况调查结果；房屋缺陷及损伤检查结果），按《民用建筑可靠性鉴定标准》GB 50292—2015 等规范、标准要求，针对学习领域 6 学习背景所示项目进行房屋安全性鉴定评级。

实训任务

某混凝土框架结构办公楼需进行改造，为确保改造前房屋结构的安全性，某检测机构受建设单位委托，对该办公楼进行房屋安全性鉴定。接受委托后，查阅相关规范，并按照规范要求编制房屋鉴定方案，根据已获取的现场检测结果，对房屋的安全性进行鉴定评级。

实训准备

（1）阅读实训任务书，识读办公楼施工图纸。

>> 7-3-1

项目3图纸

（2）收集《民用建筑可靠性鉴定标准》GB 50292—2015 等规范、标准中有关混凝土结构安全性鉴定的知识。

（3）结合任务书分析房屋安全性鉴定评级中的难点和常见问题。

任务分组

根据任务书要求，以小组为单位制定工作方案。

>> 7-3-2

任务分配表

实训实施

1. 制定鉴定方案

（1）工程概况编写

引导问题1：依据本学习领域学习背景以及项目施工图纸，编写工程概况，见表7.3.1。

工程概况表　　　　　　　　　　　　　　　　　　　　　　　表 7.3.1

工程名称	
工程地点	
建设单位	
勘察单位	
设计单位	
监理单位	
施工单位	

栋号	结构类型	层数	面积(m²)	建筑用途	建筑高度(m)

（2）鉴定目的编写

引导问题2：依据实训任务书，编写鉴定目的。

（3）鉴定依据整理

引导问题3：依据实训情境描述及实训任务书，整理鉴定依据。

（4）鉴定项目确定

引导问题 4：依据实训任务书及相关规范要求，确定鉴定项目。

（5）鉴定方法确定

引导问题 5：依据鉴定类型，选择合适的鉴定方法并列出各鉴定方法的具体要求（包括但不限于鉴定步骤、数据处理要求、鉴定评级等）。

1）鉴定步骤

2）数据处理要求（包括统计和分析）

3）鉴定评级

（6）鉴定数量确定

引导问题 6：依据相关规范要求、办公楼实际情况，划分鉴定单元，确定鉴定数量。

1）鉴定单元划分

2）鉴定数量

2. 确认现场检测结果的完整性和客观性

分组领取现场检测结果表。检查所给定的检测项目是否存在漏项，检测数据和结果是否与实际情况吻合，以及检测结果是否科学、客观。

3. 鉴定评级

（1）依据制定的检测方案，对检测结果进行复核，对现场检测结果进行整理。

（2）严格梳理好鉴定程序，按照规范要求执行。

（3）从单一构件出发，对检测结果进行整理、统计，得出各等级构件数量及百分比，结合构件评级结果，对子单元的安全性参照规范要求进行评级，最后根据子单元评级结果，结合整体性检测结果，得出鉴定单元的安全性等级。

（4）鉴定过程做到严格按照规范条文要求进行等级的判定与划分。对于比较模糊的点经小组讨论后，咨询老师，得出客观的定论。

4. 鉴定报告编写

鉴定报告应结论明确、用词规范、文字简练，对于容易混淆的术语和概念应以文字解释或辅以图例、图像说明。

（1）鉴定报告内容

引导问题 7：鉴定报告应包含哪些内容？

（2）鉴定报告撰写要求

引导问题 8：鉴定报告有哪些撰写要求？依据检测数据及结果，以小组为单位，利用电脑编写鉴定报告并提交成果。

▶▶ 评价反馈

填写工作任务考核评价表。

▶▶7-3-3

考核评价表

附录 知识点数字资源索引*

学习领域 2 混凝土结构检测			
2-5-2 混凝土构件裂缝检测内容		2-5-4 混凝土构件裂缝检测结果评定	
2-5-3 混凝土构件裂缝检测方法			

学习领域 3 砌体结构检测			
3-2-1 砌体砌块抗压强度检测技术要求		3-3-3 回弹法砌筑砂浆强度检测强度推定	
3-2-2 砌体砌块抗压强度检测步骤		3-3-4 贯入法砌筑砂浆强度检测技术要求	
3-2-3 砌体砌块抗压强度检测数据分析		3-3-5 贯入法砌筑砂浆强度检测步骤	
3-3-1 回弹法砌筑砂浆强度检测技术要求		3-3-6 贯入法砌筑砂浆强度检测强度推定	
3-3-2 回弹法砌筑砂浆强度检测步骤		3-4-1 原位轴压法砌体强度检测	

---

* 项目图纸、任务分配表、考核评价表等资源请详见教材正文。

续表

学习领域 5　结构性能与变形检测			
5-1-1　混凝土构件 承载力检测		5-3-2　混凝土构件挠度 检测技术要求	
5-1-2　混凝土构件承载力 检测试验方案		5-4-1　后锚固件承载力 检测仪器设备	
5-1-3　混凝土构件承载力 检测步骤		5-4-2　后锚固件承载力 检测步骤	
5-1-4　混凝土构件承载力 检测结果评定		5-4-3　后锚固件承载力 检测结果评定	
5-2-1　混凝土构件倾斜 检测基本知识		5-4-4　碳纤维片粘结强度 检测试件制备	
5-2-2　混凝土构件倾斜 检测要求		5-4-5　碳纤维片粘结强度 检测取样规则	
5-2-3　混凝土构件倾斜检测 允许偏差及检验方法		5-4-6　碳纤维片粘结强度 检测试验步骤	
5-3-1　混凝土构件挠度检测		5-4-7　碳纤维片粘结强度 检测结果评定	

参考文献

［1］卜良桃，李彬，周云鹏 . 主体结构检测［M］. 北京：中国建筑工业出版社，2017.

［2］龙建旭，胡伦 . 建筑主体结构检测［M］. 武汉：武汉理工大学出版社，2020.

［3］高耀宾，崔国庆 . 建筑主体结构工程质量检测［M］. 北京：中国建筑工业出版社，2022.

［4］贵州省建设工程质量检测协会 . 建筑主体结构工程检测［M］. 2 版 . 北京：中国建筑工业出版社，2023.

［5］江苏省建设工程质量监督总站 . 建筑主体结构工程检测［M］. 北京：中国建筑工业出版社，2010.

［6］李骅庚，黄辉 . 高职活页式教材开发关键问题研究：以《主体结构检测》教材开发为例［J］. 武汉船舶职业技术学院学报，2023，22（01）：52-58.

［7］中华人民共和国住房和城乡建设部 . 房屋建筑和市政基础设施工程质量检测技术管理规范：GB 50618—2011［S］. 北京：中国建筑工业出版社，2012.

［8］中华人民共和国住房和城乡建设部 . 建筑结构检测技术标准：GB/T 50344—2019［S］. 北京：中国建筑工业出版社，2020.

［9］中华人民共和国住房和城乡建设部 . 混凝土结构现场检测技术标准：GB/T 50784—2013［S］. 北京：中国建筑工业出版社，2013.

［10］中华人民共和国住房和城乡建设部 . 砌体工程现场检测技术标准：GB/T 50315—2011［S］. 北京：中国计划出版社，2012.

［11］中华人民共和国住房和城乡建设部 . 木结构现场检测技术标准：JGJ/T 488—2020［S］. 北京：中国建筑工业出版社，2020.

［12］中华人民共和国住房和城乡建设部 . 混凝土结构试验方法标准：GB/T 50152—2012［S］. 北京：中国建筑工业出版社，2012.

［13］中华人民共和国住房和城乡建设部 . 民用建筑可靠性鉴定标准：GB 50292—2015［S］. 北京：中国建筑工业出版社，2016.